Wilhelm Bölsche

Gesammelte Werke: Drachen (Sage und Naturwissenschaft) + Eiszeit und Klimawechsel

e-artnow 2018

Selma Lagerlöf
Die Königinnen von Kungahälla

Selma Lagerlöf
Unsichtbare Bände - Die beliebtesten Kindergeschichten

Ernst Weiß
Tiere in Ketten

Henrik Ibsen
Peer Gynt

Ludwig Bechstein
Die schönsten Märchen (57 Märchen)

Wilhelm Bölsche

Gesammelte Werke: Drachen (Sage und Naturwissenschaft) + Eiszeit und Klimawechsel

e-artnow, 2018
ISBN 978-80-273-1560-4

Inhaltsverzeichnis

Inhaltsverzeichnis

Eiszeit und Klimawechsel (1919)   11

Drachen: Sage und Naturwissenschaft (1929)   51

Fußnoten   97

Eiszeit und Klimawechsel (1919)

Der Wanderer im Riesengebirge, der auf einem früher fast ungangbaren, neuerlich etwas gebesserten Pfade von der sogenannten großen in die kleine Schneegrube klettert, sieht sich vor dem bedeutsamsten Landschaftsbild.

Tief herabschleifende und schattende Wolken, eine im Riß auftauchende unermeßliche Fernsicht sonnenbeglänzter Talweiten, das bezeichnende Knieholz (Legföhren), das sich wie ein tiefgrünes Riesenmoos zwischen die grauen Verwitterungsscherben des Gesteins schmiegt, erwecken den unzweideutigen Eindruck großer Höhe. Wo der zerfressene Granitgrat sich in die kleine Grube senkt, erscheint in dieser eine liebliche Alpental-Matte, je nach der Jahreszeit mit violettbraunem Türkenbund, rosig angehauchtem weißem Berghähnlein (Narzissenanemone) und den hohen Stauden tiefblauen Eisenhuts und Enzians in dichtem Pflanzenfilz über murmelnden Wassern. Unwillkürlich sucht der Blick im tiefsten Grunde der Matte den Gletscher, der aber fehlt.

Um so deutlicher prägen die Spuren sich aus, daß er einmal da war. Man glaubt noch zu erkennen, wo er zuletzt, den großen Grubenkessel ausräumend, geruht hat, – sieht niederschauend vor den ersten dickpelzigen Gebirgsfichten unten den gewaltigen Schuttring, den er schmelzend, ersterbend, zurückweichend als Seiten- und Stirnmoräne aus dem Gestein, das ursprünglich in sein kriechendes Eis eingebacken war, gehäuft. Ein kleiner Schneefleck zeigt sich öfter auch sommerlich noch am innersten Grubenhang erhalten, – offenbar mangelte sehr wenig, den Eisriesen selber wieder aufzuerwecken. Hier, wo die Volkssage Rübezahl umgehen läßt, scheint auch sein Gespenst noch greifbar zu spuken.

Aber am Knieholzpfad zwischen den Granitscherben fesselt ein kleines Pflänzchen, das, bescheiden an den Boden geschmiegt, mit rötlichen, nach Vanille duftenden Glöckchen nickt. Es ist die vielbesagte **Linnaea borealis**, und sie ist in der Tat ein noch lebender Zeitgenosse des alten Gletschers selbst. Mit einer weißen Steinbrechart auf dem Basaltgang der andern Grubenseite, der dem Botaniker noch köstlicheren **Saxifraga nivalis**, und ein paar ähnlichen Seltenheiten ist sie noch zugehörig zu der wirklichen Hochalpenwelt, die vormals hier bestand. Die eigentliche Heimat dieser Irrgäste, im Geiste weithin über die ganze deutsche Tiefebene da unten und die Ostsee dazu gesucht, sind Island, Lappland, Norwegen, Schweden, wo einst diese unscheinbare und doch so liebliche **Linnaea** den Namen des großen Linné selber erhielt. Von dort sind die verscheuchten Polarkinder bis hierher getrieben worden vom unaufhaltsam vorrückenden Eis.

So erzählen sie uns noch, daß damals nicht nur Gletscher hier wie ungeheure Eiszapfen des nie tauenden Firnschnees herabhingen, sondern daß auch jene ganze Meeresfläche und Ebene von Skandinavien bis zum deutschen Sudetenfuß unter einer einzigen unermeßlichen blauen Glasschale von Inlandeis (Binneneis) lag. Als das wieder schwand, sind sie am eigenen Gletscher des Gebirges noch geblieben. Und als auch der endlich schmolz, dauerten sie allein – die Winzigen, Vergessenen neben dem sich weiter wendenden Schritt der Riesenzeit – bis heute. Diese Pflänzchen sind nicht bloß starres Gespenst, die sind noch lebendig zu uns hereinragende Zeugen – – *der Eiszeit.*

Mit einem einzigen Blick glaubt man, an solchem lehrreichen Fleck gelagert, die große Frage dieser »Eiszeit« nicht bloß naturgeschichtlich, sondern auch rein geschichtlich in den Stufen ihres Werdens im Menschengeiste zu überfliegen.

Es sind heute nicht ganz hundert Jahre, daß kein geringerer als Goethe (der bekanntlich auch ein recht tüchtiger Geolog war) die Worte niederschrieb: »Zu dem vielen Eis brauchen wir Kälte. Ich habe eine Vermutung, daß eine Epoche großer Kälte wenigstens über Europa gegangen sei. – Damals gingen die Gletscher des Savoyer Gebirges bis an den (Genfer) See, (wobei) sie die noch bis auf den heutigen Tag auf den Gletschern niedergehenden langen Steinreihen, mit dem Eigennamen Goufferlinien benannt, ebensogut durch das Arve- und Dransetal herunterziehen und die oben sich ablösenden Felsen unabgestumpft und -abgerundet in ihrer natürlichen Schärfe bis an den See bringen konnten, wo sie uns noch heutzutage bei Thonon scharenweise in Verwunderung setzen.«[1] Die denkwürdige Stelle ist datiert vom 5. November 1829, Goethes Gedanken zur Sache gehen aber mindestens um ein Jahrzehnt weiter zurück.

In diesen paar Sätzen ist gleichsam schon die »Urzelle« der ganzen Eiszeitlehre enthalten. An ein paar natürliche Scherben knüpft sie an, ähnlich denen des kleinen Moränenwalles dort, den der sterbende Schneegrubengletscher hinterlassen, wie ein schmelzender Schneemann einen Schmutzfleck hinterläßt. Bloß ein paar größere Scherben noch, einzelne Riesenscherben wie ungeheure Blöcke groß. Solche Scherben lagen rings um die Schweizer Hochalpen zerstreut, vielfach weitab von den heutigen Gletschern. Trotzdem sahen sie mit ihren scharfen Bruchflächen nicht aus, als seien sie vom Wasser verrollt. Eine kühne geologische Idee, die damals umging: die ganzen Alpen seien einer wilden vulkanischen Explosion verdankt, bei der solche Blöcke wie vulkanische Wurfbomben herumgespritzt wären, fand auch nicht jedermanns Beifall. (Goethe nannte sie eine »vermaledeite Polterkammer«.) So kam man auf genau den Gedanken, mit dem Partsch uns viel später hier die Schneegruben enträtselt hat: die Schweizer Gletscher waren einst auch bis dahin gegangen, wo heute die Blöcke liegen. Sie hatten die riesigen verwitternd abgesprengten Felsscherben des Hochgebirges, die oben auf sie gestürzt oder unten von ihrer stets rutschenden Sohle eingeklemmt worden waren, selber damals soweit verschleppt. Größere Gletscher offenbar, als heute, – Ergebnis einer offenbar feuchtkälteren Zeit. Schlichten Schweizer Gemsjägern soll die einfache Logik zuerst gekommen sein, – vielleicht ist sie von ihnen zu den damals noch spärlichen fremden Gebirgskletterern (bei denen auch Goethe war) weitergegeben worden.

Aber solche ungeschlachten Steinkerle lagen, fremd ihrem Ort, auch da unten mitten im norddeutschen Sand bis zur Ostsee herab verstreut, – wer sollte sie dahin gebracht haben? Der Volksscherz läßt sie in einer Nacht vom Teufel verschleppt sein; aber das konnte wohl schon in des Walpurgisdichters Zeiten nicht mehr gut als wissenschaftliche Theorie gelten. Ein märkischer oder mecklenburgischer Geheimvulkanismus, der aus (allerdings vorhandenen) tiefen Bodenlöchern heraus gewirkt hätte, schien noch weniger rätlich als in den Alpen. Durfte man also annehmen, auch die alten Riesengebirgsgletscher hier wären in jener Kältezeit etwa so riesig gewesen, daß sie bis Fürstenwalde bei Berlin gereicht hätten? Wo doch ein solcher Block lag, der eine der sogenannten Markgrafensteine, aus dessen 1600 Zentner schwerem Teilstück man die 7 m klafternde Granitschale im Berliner Lustgarten gemacht und noch ein paar andere städtische Denkmäler dazu?

Dem Gedanken widersetzte sich schon zu Goethes Tagen entschieden eins. Das Gestein dieser norddeutschen Irr- oder Erratischen Blöcke entsprach nicht unsern deutschen Gebirgen hier, wohl aber wie ein abgebrochener Henkel seiner Tasse denen des fernen Skandinavien. Hätten also schwedische und norwegische Gletscher über die ganze Ostsee fort bis Berlin gereicht? Vor dieser Kühnheit staute sich noch einmal die Theorie, hören wir abermals dazu Goethe selbst, der auch hier an der Spitze marschierte. »Bergrat Voigt zu Ilmenau, – als wir uns lange über die wunderbaren Erscheinungen der Blöcke über Thüringen und über die ganze nördliche Welt ausgebreitet öfter besprachen und wie angehende Studierende das Problem nicht loswerden konnten, geriet auf den Gedanken, diese Blöcke durch große Eistafeln herantragen zu lassen; denn da es unleugbar schien, daß zu gewissen Urzeiten die Ostsee bis ans sächsische Erzgebirge und an den Harz herangegangen sei, so dürfte man natürlich finden, daß bei laueren Frühlingstagen im Süden die großen Eistafeln aus Norden herangeschwommen seien und die großen Urgebirgsblöcke, wie sie unterwegs an hereinstürzenden Felswänden, Meerengen und Inselgruppen aufgeladen, hierher abgesetzt hätten. Wir bildeten mehr oder weniger dieses Phänomen in der Einbildungskraft aus, ließen uns die Hypothese eine Zeitlang gefallen, dann scherzten wir darüber; Voigt aber konnte von seinem Ernst nicht lassen.« Voigt ist schon 1821 gestorben, die Gespräche müssen also weiter zurückliegen. Jedenfalls hat aber auch Goethe die Sache später nicht immer bloß scherzhaft genommen. Und in den 30er Jahren hat der Engländer Lyell sie als eigene sogenannte Drift-(Treibeis)Theorie so nachhaltig in die Fachgeologie eingeführt, daß sie fast ein halbes Jahrhundert dort herrschend bleiben sollte. Aber die wahren Wunder der Eiszeit waren doch noch größer als selbst diese Theorie.

Wenn Gletscher sich langsam dahinschieben (und immer schieben sie sich so, oben belastet vom neu vereisenden Firnschnee, unten abschmelzend wie eine zähflüssige Riesenträne), so schreiben sie auf ihre Unterlage eine seltsame Hieroglyphenschrift. Die eingebackenen Steinscherben ihrer Sohle polieren und schrammen wie Nägel eines groben Bergschuhs den darunterliegenden Fels. Es hat lange gedauert, bis man auch dieser Naturschrift Herr wurde, wie der Geschichtsforscher mühsam erst Keilschrift und echte Hieroglyphen entziffern gelernt hat. Wer sie aber durchschaut hat, der weiß, daß, wo ehemals ein Gletscher gekrochen ist, man an dieser geheimen Radierung und Krakelschrift sein Dasein noch ablesen kann, auch wenn er längst dahingeschwunden, – genau so, wie wir die Taten der alten assyrischen und ägyptischen Könige noch lesen, Jahrtausende, nachdem sie mit ihrer ganzen Generation vergangen. Und es geschah im Jahre 1875 (Goethe ruhte allerdings jetzt längst in seiner Fürstengruft), daß ein Schwede, Torell, eine solche Hieroglyphenschrift auch mitten in der Mark entdeckte. Rüdersdorf heißt der Ort. Nahe dem blauen Müggelsee, vom hohen Turm sieht man noch den Rauch von Berlin. Muschelkalkfels stößt als willkommener Baustein hier inselhaft aus dem unendlichen Sandmeer der Reichsstreusandbüchse. Auf der empfindlichen Haut dieses alten Kalksteins aber fand jener Schwede damals bei flüchtigem Besuch die Hieroglyphe des Gletschers, hier waren nicht Eisberge oder Eisschollen hoch hinweg gefahren, sondern der alte Gletscher selbst hatte in fester Fron auf den Schichtenköpfen des noch älteren Bodengesteins gelastet, es bald streichelnd und polierend, bald kratzend, wie das auch bei menschlicher Fron wohl üblich ist. Heute steht ein Gedenkstein, selber ein schwedischer Findling, in der Nähe der ewig bedeutsamen Stelle, nachdem der rastlos weiterschreitende Bergwerksbau die eigentliche Urkunde längst getilgt. Als am Abend jenes Tages aber Torell in der Sitzung der Deutschen Geologischen Gesellschaft zu Berlin seinen Bericht erstattete, da starb die Drifttheorie nach vieljährigen treu geleisteten Diensten. Und es entstand dafür jetzt wirklich jener kolossale Gedanke des europäischen Binneneises, das von Skandinavien mit einheitlicher Gletschertatze bis in die Mark und noch weiter gelangt. Das ganz gewaltige Bild der »Eiszeit« stieg auf, noch unverhältnismäßig größer, als es Goethe geahnt.

Wie Grönland bis auf ein paar kleine Felsspitzen (Nunataker nennen sie's im Lande) untergegangen, versunken ist in einer einheitlichen Eismasse, so damals Skandinavien. Und dieses Eis dachte sich von der ungeheuren skandinavischen Hochburg schräg herunter wirklich über den Platz der heutigen Ostsee hinweg, in die Nordsee hinaus, über Kola ins nördliche Eismeer hinüber. Es floß (mit jenem gespenstisch starren Fließen des Gletschers) über Finnland in die wehrlos platten Ebenen Rußlands ein zum Ural, in lang ausgreifenden Pranken zur Wolga bei Nischninowgorod, südlich von Moskau bei Tula zum Don, bei Kiew zum Dnjepr; die heute berühmt gewordenen Rokitnosümpfe lagen an seiner Bahn, die vielbesprochenen Lysa-Gora-Höhen bildeten einen solchen Nunatak in ihm. Nachdem ganz Norddeutschland verschlungen war, erschien die Eiswelle im Oderquellgebiet. Hier unten quoll sie in den Hirschberger Kessel; noch heute schneidet die jedem Sommergast vertraute Krummhübeler Lomnitz dort eine Grundmoräne von abgesenktem heimischem Riesengebirgsschotter und skandinavischen Wanderscherben an. Sie erstarrte vor dem Gebirgssaum, schritt über Dresden, am Thüringer Wald entlang, begrub den späteren Sitz Goethes, bog vom Harz zum Rheinischen Schiefergebirge ab, um über die Rheinmündung die Themse zu erreichen, bis das schottische Eis mit dem skandinavischen zusammenschlug. Sechs Millionen Quadratkilometer blauen Gletschereises (falls man solches Eismeer, das an seiner Ausgangsstelle nicht mehr zwischen Gebirgen lagerte, sondern über sie hinwegging, noch als Gletscher bezeichnen will) schoben sich so über Europa, – im nordischen First sicher ein paar tausend Meter dick. Man erschauert, wenn man sich denkt, wie diese blinkende Mauer auftauchte. Nichts Lebendiges blieb, wo sie hinschritt, schon vor ihrem nahenden Eishauch verkümmerte weithin die blühende Vegetation zur armseligen Moossteppe (Tundra). Kein Traum eines Tamerlan mit seinen Siegessäulen aus Menschenknochen kommt gegen die Schrecken dieser Welteroberung auf...

Schweizer Forscher (Venetz, Charpentier, vor allem ein vielbefehdeter, übertrieben gefeierter, aber auf jeden Fall bedeutender Mann, Louis Agassiz) hatten inzwischen dem alten Gedanken Goethes von der »Epoche großer Kälte« eine immer handgreiflichere Gestalt gegeben, – Schimper das unmittelbare Wort Eiszeit (zuerst in einem Gedicht 1837!) geschaffen. Man hatte ihren Ort in der Reihenfolge der geologischen Zeitabschnitte ungefähr bestimmt: nicht mehr in den alten Sauriertagen, sondern verhältnismäßig jung, im sogenannten Diluvium. [2]Wenn man von dem Abschluß der sogenannten Tertiärzeit bis an die ersten Nebel überlieferter Geschichte versuchsweise einmal noch eine halbe Million Jahre rechnete, so ging dahinein auch noch dieses ganze aufregende Ereignis. Wie sich neuerlich herausgestellt hat, ist der Mensch (mit vorgeschichtlicher Kultur) noch Zeuge seines gesamten Verlaufs gewesen, wenn er's auch in keiner Chronik eingezeichnet hat. Eine hochpolare Tier- und Pflanzenwelt begleitete neben ihm die Eisränder, Beweis, daß wirklich grönländische Verhältnisse bei uns eingekehrt waren. Die dick bepelzten Mammutelefanten und Schneenashörner haben sich daraus am stärksten eingeprägt. Eigentlich beweisender sind aber noch die mustergültig arktischen kleinen Pflänzchen, wie Zwergbirke, Polarweide, Silberwurz, aus deren Reihe auch das verschlagene Volk der Schneegruben hier stammt.

Aber die ganze Gewalt des Vorgangs sah man doch erst, als man sich an jenes ungeheure europäische Binneneis gewöhnen mußte. Es war nur noch wie eine Ergänzung, daß auch Nordamerika in anscheinend gleicher Zeit eine entsprechende und sogar noch größere (südlich bis in Breiten, wo bei uns Sizilien liegt, vorgerückte) Eisdecke getragen hatte, – während allerdings eine dritte erwartete Vereisung auf dem asiatischen Sibirien sich nicht zeigen wollte. Immerhin müßte die Erdkugel bei der nötigen Schiefsicht damals von fern bereits einen argen Eindruck beginnender Ganzvereisung gemacht haben. Während gleichzeitig die Einzelspuren oder mit unserem Bilde Hieroglyphen, nachdem man sie einmal lesen gelernt, sich auch im engeren immer unzweideutiger aufdrängten.

Skandinavien, auf dessen wohl höheren Gebirgen sich in der Fülle der Zeit das einzigartige Schauspiel vollzogen vom Zusammenwachsen der Firnschneefelder mit den Gletschern selbst, war allenthalben abgehobelt wie durch einen dämonischen Kunstschreiner des alten Asengeschlechts. Wenn man seine Fjorde als heute ins Meer versenkte alte Gletschertäler faßte, so glaubte man noch jetzt seine Urvergletscherung geradezu von der Karte ablesen zu können. Bei uns in Deutschland aber waren die großen Irrblöcke von da drüben nur die Rosinen eines feineren Teigs, der als sogen. Geschiebelehm überall noch ausgewalzt lag, soweit das Eisungetüm sein Lager gehabt. Wie seine letzten derberen Auswürfe bezeichneten Endmoränenringe stationenweise die äußerste Statt des Unholds. Die weiche Kreide der heutigen Ostseekante hatte er sich sielend geknetet und in anhaftenden ganzen Platten verschleppt. Seine jahrtausendelang abrinnenden Tropfen hatten jene tiefen Löcher (Gletschermühlen, Pfuhle, Sölle) in den Boden gebohrt, an die sich in der Jugend der Deutung einmal die Sage von norddeutschem Vulkanismus geknüpft. Unter seinem Eisbauch selber hatten sich Rippelungen in Gestalt fächerförmiger Hügelreihen und in der eigenen Kriechrichtung gehender Wälle (sogenannte Drumlins und **Osar**) gebildet. Unendliche Sande waren von seinen abgehenden Schmelzwassern weit vor die Grenzwälle seines eigentlichen Bettes verschwemmt worden. Wo er zwischen sich und dem Gebirge diese Wasser gestaut und zugleich die zur Ebene strebenden deutschen Ströme eingeengt, waren endlose Zeiten die gelben Schmutzfluten an ihm entlang gewirbelt, einem fernen Nordseeausschlupf zu: so hatten sich jene ungeheuren versandeten »Urstromtäler« gestaltet, wie sie heute noch der entschwundenen Eiskante getreu von der Weichsel zur Elbe ziehen, von Pygmäenflüßchen der Epigonenzeit wie der »Maus im Käfig des Löwen« (Ausspruch von Berendt) bewohnt. Bild um Bild, die doch alle nur das eine größte vertiefen konnten, wie es sich in jener entscheidenden Stunde blitzhaft vor Augen gestellt.

Die fortschreitende Geschichte menschlicher Wissenschaft möchte man aber bezeichnen als eine immer weiter hinausgeschobene Ursachenfrage. Goethe zu seiner Seit genügte es noch, daß eine »Epoche großer Kälte« die Ursache der Irrblöcke war. Seither ist immer lebhafter gefragt worden, was die Ursache der großen Kälte selbst gewesen sein könnte. Ja, diese Frage erfreut sich sogar weit über die Fachgelehrsamkeit hinaus heute einer gewissen Volkstümlichkeit. Nicht nur gibt es eine ganze Bibliothek wissenschaftlicher Bücher darüber, sondern es arbeitet auch beständig eine Menge mehr oder minder berufener freiwilliger Helfer aus weitesten Volkskreisen daran mit. Wer Gelegenheit hatte, selbst irgend etwas über die Eiszeittatsachen zu veröffentlichen, der hat das wohl mit einigem Schrecken erfahren: ungezählte Manuskripte in bedenklich umfangreichen Postpaketen mit und ohne Rückporto pflegen sich bei ihm zu versammeln, deren Sender alle verkünden: Auch ich ein Maler, – auch ich habe eine Lösung der Eiszeit gefunden. Einerseits lockt dazu, daß die strenge Forschung selbst bekennen muß, zu einem so auffälligen, ja einzigartigen Ereignis der Naturgeschichte immer noch keinen *sicheren* Grund zu wissen. Lesen wir doch in dem angesehensten und jedenfalls dicksten deutschen Sammelwerk von heute darüber, der ausgezeichneten **Lethaea geognostica**, von Geinitz' Hand den Satz in Sperrdruck: » *Man kennt die Ursachen der Eiszeit nicht.*« Andererseits berührt das Problem die Wetterfrage, die seit alters eine Volksfrage ersten Ranges gewesen ist. Das Wetter ist dem Landmann zu seinem Wohl und Weh eine hervorragend praktische Sache. Immer wieder halten sich alte Überlieferungen, es sei besser geworden oder es sei schlechter geworden. Es gibt wohl keinen schlichtesten Menschen, der nicht auch nur auf Grund seiner eigenen Lebenserfahrungen einmal versucht hat, in das ewig Wechselnde, Chaotische, Unberechenbare dieses Wetters irgendein Gesetz hineinzudeuten. Nirgendwo haben wir im Alltag so das Gefühl, ständig einer großen Lotterie ausgeliefert zu sein, und so sehr den Wunsch zugleich, irgendeine Rechnung zu ergrübeln, mit der man sicher die Bank sprengen könnte. In der Eiszeit aber scheinen sich gleichsam alle Wunder dieses Wetters zu vereinigen. Etwas wie eine uralte Volksangst unserer Ahnen scheint darin aufzuleben: vom Weltwinter, der alles vernichtete. Zugleich meint man, wer ihr Geheimnis löste, müßte auch den Wetterzauber von heute in Händen haben.

Nun ist solches Mitdenken im weiten Kreise an sich keineswegs zu verachten. Man soll sich immer freuen, wenn der Sinn für eine naturwissenschaftliche Frage im Volke geweckt ist. Schließlich fällt der geniale Gedankenblitz wirklich oft wahllos, der Laie kann auf das Ei des Kolumbus kommen, zumal wenn, wie hier, die strenge Forschung auch einstweilen nichts als mehr oder minder unbewiesene Vermutungen hat. Was aber zu jeder, ob nun wissenschaftlichen oder freien Mitarbeit als unumgängliche Voraussetzung nötig ist, wenn auch nur der kleinste wahre Fortschritt erzielt werden soll, das ist zweierlei.

Zunächst darf nicht ins Blaue dabei »erfunden« werden. Jede vernünftige Erklärung auf solchem naturgeschichtlichen Gebiet hat heute ihre gewisse Methode, die geachtet sein will. Etwas auf eine Ursache zurückzuführen, heißt zunächst, es an etwas *sonst schon Bekanntes* anschließen. Es heißt aber nicht, zu dem einen Unbekannten ein neues Unbekanntes als Ursache »erfinden«. Also, um ein drastisches Beispiel zu nehmen, es ist keine Erklärung, wenn ich etwa sagen würde: die Eiszeit entstand, weil damals die Vulkane der Erde plötzlich angefangen hatten, statt glühender Lava Eis zu speien. Oder: sie mußte kommen, weil ein Komet die Erde streifte, der Kälte aushauchte, von solchen Eisvulkanen wissen wir so wenig etwas, wie von solchen Kältekometen, in den gangbaren Gebrauch der Wörter »Vulkan« und »Komet« wird hier rein zum Zweck etwas hineinphantasiert, und die Benutzung der Wörter ist dann bloß ein Scheinspiel, das den Hörer betrügt. Die Beispiele wirken kraß, und doch sind eine Masse von Eiszeitdeutungen aus Laienkreisen und selbst manche oberflächlich wissenschaftlichen damit durchaus in ihrem Unwert bezeichnet.

vie zweite Bedingung ist dann, daß, wer sich an die Frage ernstlich heranmacht, eine Reihe Nebenfragen kennt, die bei heutigem Stande unserer Kenntnis untrennbar damit verknüpft sind. Weiß er bloß im Sinne Goethes, daß zur Erklärung der eben kurz gekennzeichneten diluvialen Tatsachen eine »Epoche großer Kälte« angenommen wird, so ist er heute doch noch nicht reif zum Weiterraten. Denn es haben sich dem einen Rätsel seither eine bestimmte Anzahl anderer angegliedert, die, an sich erst recht interessant, doch auf alle Fälle mitgelöst, also vorweg mitgekannt sein wollen. Ich bezeichne hier kurz ein paar auch dieser Hauptpunkte, die Goethe selbst noch nicht wissen konnte, die aber gerade den Reichtum andeuten, zu dem die ständig weiter schürfende Wissenschaft heute auch auf diesem Gebiete gelangt ist.

Als Goethe von seiner »Epoche großer Kälte« sprach, schwebte ihm zweifellos ein recht tüchtiges Maß Kälte vor. Wer sollte es nicht erwarten, wenn er die Alpengletscher bis in den Genfer- und Bodensee und schwedisches Eis bis ins Hirschberger Tal denkt. Agassiz, der als bibelgläubiger Mann immer eine Neigung spürte, in der Eiszeit eine Unterlage der weltumstürzenden Sintflut zu entdecken, hätte gern die ganze Erde unter furchtbarsten Minusgraden erfrieren lassen. Ein nüchterner Kopf wie Neumayr hat dagegen nachgerechnet, daß man schon mit einem Temperatursturz von bloß 5 – 6° C im Durchschnitt weniger als heute alle wirklich sicheren Erscheinungen der Eiszeit in Europa auslösen könnte. Die Schweizer Schneegrenze würde sich um mehr als 1000 m tiefer legen, und die heutigen Alpengletscher müßten bis Lyon und Ulm rücken, während am Titisee im Schwarzwald und hier aus den Schneegruben Gletscher flössen. Mehr als diese im Höchstmaß 6° abwärts brauchte also keine Theorie zu erklären, während man freilich zugleich sieht, wieviel schon solche paar Grad gegen unser so viel verlästertes gegenwärtiges Klima bedeuteten.

Aber nicht einmal dieser Tiefstand soll während der *ganzen* Eiszeit angedauert haben. Als in der sogenannten Höttinger Breccie, einem alten verkitteten Bachschutt bei Innsbruck, zwischen zwei abgelegten Schotterhäuten des Eisriesen eine Einlage mit noch erkennbaren Resten pontischer Azaleen und des italischen Erdbeerbaumes (**Arbutus**), den Horaz besingt und der ganz gewiß nicht nach Eiszeit ausschaut, gefunden wurde, kam zuerst die Lehre von den »Interglazialzeiten« auf, – wärmeren Schaltzeiten, die sich mehrfach noch in die eigentliche Kälteepoche hineingeschoben hätten, über diese weniger gestrengen Zwischenlagen gehen ja die Meinungen der Sachkenner heute noch ziemlich weit auseinander. Die einen rechnen mindestens drei solcher Schaltkapitel, womit wir folgerichtig eigentlich vier getrennte diluviale Eiszeiten hätten statt einer. Das Schulverslein gleichsam, das Penck und Brückner nach Flüssen des bayrischen Alpenvorlandes dafür geschaffen, zählt sie als Günz-, Mindel-, Riß-, Würm-Eiszeit her, wobei je eine günzmindelische, mindelrißliche und rißwürmliche Wärmepause den Einschlag gebildet hätten; die Rißkälte soll die schlimmste gewesen sein. Wer ganz kühn ist, läßt in den Interglazialzeiten überhaupt alle Schrecknis wieder heruntertauen, Binneneis und Riesengletscher schwinden, so daß wirklich jede neue Eiszeit wie ein neues Wunder vom Himmel gefallen wäre. Nun ist kein Zweifel, daß es in den Randgebieten des großen Eises überall so aussieht, als hätten gewisse Pausen tatsächlich in das Hauptdrama irgendwie hineingespielt. In Spanien und Frankreich, wo niemals Binneneis gelegen hat, aber auch am deutschen Südrand glaubt man eine ältere, wärmeliebere, fast noch afrikanisch anmutende Tierwelt jedesmal wieder einziehen zu sehen wie auf der Spur eines milderen Frühlingslüfterls, das plötzlich dem vernichtenden Eishauch für ein Weilchen entgegenarbeitete. Und gleichzeitig scheinen im Alpengebiet die Gletscher ähnlich den Schnecken in ihre Häuser zurückgekrochen zu sein wie unter einem geheimnisvollen klimatischen Gegenbefehl. Auch die Spuren trockener Steppenzeiten schalten sich recht verwunderlich in das Diluvium ein, deren Stürme in den Randzonen unendlichen gelben Staub (sogen. Löß) gehäuft und die man schwer anders unterzubringen weiß, als eben auch in solcher wärmeren Interglazialstimmung. Aber die Zweifler von der andern Partei meinen, daß es sich bei alledem mehr oder weniger nur um eine Randerscheinung gehandelt habe, bei der das Haupteis nicht rückte noch regte. Solche Südgärtlein zwischen dem Eis wie das Idyll der Höttinger Breccie könnten nach ihnen den wunderbaren »Eiswäldern« Alaskas entsprochen haben, wo heute noch in der Tat große Fichten-, Birken- und Ahorn-Urwälder samt ihrem Unterholz und Heidelbeergestrüpp nur durch eine dünne Isolierschicht erdreichen Moränenschutts getrennt unmittelbar auf dem kriechenden Gletscher wachsen. Die Sache ist noch im Fluß. Inzwischen muß aber, wenn auch nur die Freunde der zeitweise größeren Randwärme recht behalten sollen, *irgend* etwas da doch in die Eiszeit im Ganzen hineingewirkt haben, das zeitweise *etwas* am Thermometer rückte, – und auch diese Interglazialfrage muß die Erklärung also miterklären.

Ein dritter Punkt betrifft dann, wie sich auch während der schlimmsten Eiszeit im Norden die übrige Erde verhalten habe. Als weiland Herr Agassiz das Eiszeitthermometer seiner Schweiz gar nicht grauenhaft tief genug sehen konnte, da erwartete er bestimmt, daß auch in den tropischen Urwäldern am Orinoko zuletzt noch Kritzelhieroglyphen und Geschiebelehm auftauchen müßten. Davon kann nun in der Weise heute wieder keine Rede sein. Aber was man allmählich auch dazu wirklich gefunden hat, das waren starke Vergletscherungs-, d.h. Gletschervergrößerungsanzeichen für die Diluvialzeit auch gewisser Gebiete der Südhalbkugel. Auch die Alpen Neuseelands hatten zu irgendeiner Stunde damals stärkere Gletscher, die Berge Australiens, das südamerikanische Feuerland, das antarktische Kerguelenland tragen deutlich lesbare diluviale Eishieroglyphen. Sollte das genau gleichzeitig mit dem Nordeis gewesen sein, so würde es besagen, daß die Eiszeit »bipolar« war, das heißt, daß ihr Klimasturz über beide Erdpole zugleich ging. Oder, was auf die wichtigste Folge hinausläuft: daß eine gewisse Abkühlung damals um die ganze Erde schritt, wenn sie auch natürlich mit ihren paar Grad Kältesturz nicht gleich den Äquator mitvereisen konnte. Immerhin meint man neuerlich auch bis in diese Äquatorialländer doch etwas verfolgen zu können wie eine gleichzeitige starke »Pluvialzeit«, also eine extrem nasse Regenperiode, die man an alten Flußläufen der Sahara, höherem Nilstand und viel üppigerer Seenfüllung im äquatorialen Afrika wie an einem geologischen Pegel ablesen will. Und die erfolgreichen tropischen Hochalpenfahrten Hans Meyers von Leipzig, der uns zuerst den Kilimandscharo bestiegen hat und am Chimborasso und Kotopaxi viel weiter geklettert ist als selbst Humboldt, haben auch an diesen tropischen Schneeriesen allenthalben jetzt verlassenen Moränenschutt erwiesen, der auf eine niedrigere Schneegrenze und also größere Gletscher der Diluvialzeit gedeutet worden ist. Auch das muß der Eiszeitenträtseler also als möglich aufnehmen, wenn es auch dazu nicht an Gegnern fehlt. Sie fragen, warum nicht bei richtig bipolarem Verlauf das südliche Landeis noch viel weiter ging, z.B. in Südamerika entsprechend über ganz Argentinien, Paraguay und Bolivien floß, oder ob jene Gletscherschwankungen am Kilimandscharo nicht bloß Lokalerscheinungen unter örtlichen kleinen Temperaturperioden, die bis heute dauern, sein könnten usw. Wobei aber gerade solche Lokalgründe, etwa andersartige Land- und Wasserverteilung, auch wieder das Eiszeitbild der Südkugel schon damals von dem unserer Nordhalbkugel verschieden gestaltet haben könnten auch bei echt bipolarem Verlauf. Man bleibt auch hier in Debatten, aber berücksichtigt müssen diese Fragen werden, ob so, ob so.

Nun aber noch zwei ganz große Dinge, zeitlich nicht auf die diluviale Eiszeit selber fallend, aber schlechterdings nicht mehr von ihr zu trennen, seit man sie hat. Goethe waren auch sie noch durchaus fremd, aber wie hätten sie ihn erregen müssen!

Die diluviale Eiszeit war, um immer noch einmal das Leitmotiv anklingen zu lassen, für ihn eine »Epoche großer Kälte«, heute ist's entschieden wieder wärmer bei uns. An sich ist schon das wieder eine recht beherzigenswerte Tatsache: der große Schüttelfrost unseres Planeten ist also doch noch einmal *vorüber*gegangen, wie er, wenn die Interglazialzeiten wirklich bestanden haben, auch in sich selbst bereits fieberfreiere Momente gehabt hätte. Ob unsere Wiedererwärmung in geschichtlicher Zeit noch zugenommen, darüber streitet man sich ja auch wieder. Es wäre ganz gewiß sehr interessant. Aber gerade die besten Kenner schwanken. Afrika und Zentralasien sind auch seit Völkergedenken wohl sicher noch mehr ausgetrocknet, dort klänge also ersichtlich noch jene Pluvialzeit vor uns weiter ab. Dagegen hat sich das früher gerne behauptete klimatische Dürrwerden der Mittelmeerländer wenigstens im größern Umfang nicht als stichhaltig erwiesen; wo es seit dem klassischen Altertum eingetreten sein sollte, hat Verkarstung des Bodens durch leichtfertiges Abholzen der Wälder, Zerstörung alter künstlicher Wasserleitungen und allgemeiner Fluch orientalischer Mißwirtschaft den Löwenanteil gehabt, also Mensch gegen Natur, nicht Natur gegen den Menschen. Wenn es umgekehrt gelegentlich ein Beweis für erneute Temperatur *abnahme* sein sollte, daß vor 800 bis 900 Jahren der Weinbau bei uns noch viel weiter nördlich gegangen wäre, so hat sich freilich auch das als böser Trugschluß herausgestellt, denn nicht Klimawechsel, sondern Wirtschafts- und Kulturgründe (Geschmack an feineren Weinsorten und billigere Transportmittel) haben auch hier die eigene Zucht eingehen lassen. Und eine kleine periodische Wetterschwankung, die anscheinend durch die ganze historische Zeit geht (ich komme unten noch auf sie), darf ebenfalls nicht hierher gezogen werden. Ganz unzweideutig aber jetzt ist wieder der echt geologische Befund: *vor der Eiszeit* war's unvergleichlich viel *wärmer* in großen Gebieten der Erde als heute dort nach ihr.

Vor – oder wenn man von uns aus rückwärts denkt, hinter der Diluvialzeit mit ihrem großen Klimasturz liegt in der Sprache des Geologen die Tertiärzeit. Schon da, wo die Diluvialzeit in diese Tertiärzeit übergeht, also zeitlich einmal wieder schätzungsweise jenseits der letzten halben

Million Jahre von uns zurück, merkt man aus allen Anzeichen, wie das Klima sich offenbar wieder hebt. Es geht zunächst mindestens wieder auf den heutigen Stand. Schon dabei wird man aber etwas stutzig, wenn riesige Elefanten damals bei uns lebten, so wird man das noch nicht ohne weiteres auf milderes Wetter deuten, denn kältefeste Elefanten haben auch noch in der Eiszeit selbst bei uns ausgedauert. Aber das Nilpferd schwamm in der Themse, das wir heute in unsern nordischen Tiergärten nur in geheizten Becken über den Winter bekommen. Und sowie wir jetzt noch ein Stück tiefer in die Tertiärzeit selber hineingehen, werden auch die *gesteigerten* Wärmezeichen unzweideutig.

Die Pflanzenwelt, die stets das feinste Thermometer bildet (haben wir doch von den lappländischen Pflänzchen hier am Schneegrubenhang noch die Eiszeit selber abgelesen), wird bei uns in Europa zunächst subtropisch, wie man das nennt, also als rückte der Mittelmeerrand bis zur Ostsee; und dann wird sie in weiten Teilen überhaupt ganz tropisch, als kämen Wendekreis und Gleicher zu uns ins Land. Auf der Höhe der Zeit wachsen in Südfrankreich kolossale Fächerpalmen mit anderthalb Meter langen Blattwedeln neben Drachenbäumen, Pisangs, Kampfer und Zimmet, Aralien, afrikanischen echten Akazien aller Art, der Ceibabaum (Bombax) mit seinen Baumwollfrüchten wird charakteristisch, wie er es heute mit seinen gewaltigen Stammsäulen für die heißesten Tropenwälder Kameruns oder Brasiliens ist. Bei Verona stehen Eukalypten, Sandelholzbäume, Cäsalpinien. Über ganz Deutschland zogen sich die Palmenhaine bis in die Bernsteinwälder jenseits des heutigen Samlandes, Sabal, Phönix, am schönen Rhein sogar Kokos, aus den englischen Küstensümpfen hoben sich die kurzstämmigen Nipas und warfen ihre Schwimmfrüchte ins Brakwasser wie jetzt bei den Tigern und Krokodilen des Gangesdeltas, Pandanus, Bambusrohr, Baumfarne vervollständigten das Bild, und auch über die tropische Tierwelt kann diesmal wohl kein Zweifel sein, wenn man in diesen Wäldern von bunten Papageien, goldschimmernden mexikanischen Trogons, dem südafrikanischen Kranichgeier (Sekretär), Salanganen (den Schwalben der berühmten »eßbaren« Vogelnester) neben den Tapiren, Zwerghirschen und Okapis des tiefsten Tropendschungels hört. Warm, wie das Land, muß der Ozean der Küste gewesen sein, so daß noch am Nordrand des vergrößerten tertiären Mittelmeers Korallentiere ihre hohen Riffe türmen konnten, deren überlebende Gattungen heute in den Südmeeren eine beständige Wasserwärme von 20° erfordern. Ist die diluviale Eiszeit ein klimatisches Wunder, das nach Erklärung schreit, so wächst uns hier mindestens ein ebenso großes, wenn auch genau entgegengesetztes zu, ohne dessen Berücksichtigung jede Erklärung dort immer nur halb sein kann.

Die tertiäre Wärme, selber einmal fest zugestanden (und das ist sie heute *ohne Widerspruch*), umschließt aber noch ein engeres Problem in sich. Wenn wir im Diluvium grönländische Eisdecken auf mehr als halb Europa und Nordamerika sehen, so werden wir zunächst den Pol selbst für diese Zeit erst recht unter Eis begraben denken. Umgekehrt im Tertiär: wenn hier die Tropen bis zu uns nach Deutschland rückten, werden wir fragen, ob es damals überhaupt einen Eispol gegeben haben könnte. Und in der Tat wissen wir von vereisten Gebieten dieser Zeit nichts, wohl aber sehen wir in den unzweideutigsten Funden eine Pflanzenwelt sich damals selbst bis in hohe arktische Breiten hinaufziehen, die auch dort noch auf eine ganz gewaltig erhöhte Wärme deutet. Der große Schweizer Paläontolog Heer, menschlich eine der liebenswürdigsten Forschergestalten neuerer Zeit, hat seit den 60er Jahren des vorigen Jahrhunderts mit von Fall zu Fall immer verblüffenderen Mitteilungen in diesen Sachverhalt eingeführt.

Kühne Polarforscher, die unter den namenlosen Schauern ihrer Pionierzüge da oben noch Zeit gefunden, vorweltliche Pflanzenabdrücke auf altem Tertiärgestein zu sammeln, versahen ihn mit dem nötigen Material, das unter seiner kundigen Deutung nun zum Ereignis wurde. Am 82.° nördlicher Breite, im nordamerikanischen Grinnelland, äußerster Fleck damals des geographisch Erreichten auf dem Wege zum Pol selbst, mit einem Jahresmittel gegenwärtiger Temperatur von −20° C, zeigten sich alttertiäre Wälder von **Taxodium distichum** (Sumpfzypressen, heute nur noch in den südlichen Mississippisümpfen heimisch), Pappeln, Linden, Haselnuß, Schneeball, Fichten, Kiefern, Eiben, die einen See mit wallendem Schilfrohr und Teichrosen etwa wie unsern Friedrichshagener Müggelsee umschlossen. Auf Spitzbergen wuchsen neben

Massen von Pappeln großblättrige Eichen und Ahorne, aber auch Walnuß, Platane, Magnolie, Zypresse und der jetzt noch wegen seiner Domturmhöhe berühmte, aber wie ein aussterbender Urrest auf ein paar Haine der kalifornischen Sierra Nevada beschränkte Mammutbaum (**Sequoia** oder **Wellingtonia**). Grönland selber hatte beim 70.° den schönen, lichtgrünblättrigen chinesischen Gingko, immergrünen Lorbeer und Weinreben, als bewege man sich zwischen der lieblichen Flora von Montreux. Gewiß: man wandelte hier oben auch damals nicht mehr unter Palmen, aber noch immer nahe der Grenze mindestens der subtropischen Welt. Und damit auch diesmal die Sache »bipolar« aussehe, haben sich seit Heers Tagen entsprechende Waldspuren mit riesigen Zypressenstämmen und Buchenlaub im Bereich des Südpols gefunden.

Auf den ersten Blick sieht auch das alles ja nur wie eine Bestätigung der allgemeinen tertiären Wärme aus. Aber es steckt noch eine besondere »Crux« darin, wie die alten Philologen vor ihren unlösbaren Textstellen sagten. In so hohen Breiten gibt es bekanntlich gar wundersame Beleuchtungsverhältnisse. Eine mehrmonatige Dauernacht beginnt sich wie ein schwarzer Fittich über die verarmte Erde zu breiten. Jene Polarforscher wissen nicht genug davon zu erzählen, wie eigentümlich diese verkehrte Welt auf Menschengemüt und Menschenkraft wirkt. Wie aber sollen immergrüne Waldungen solche Polarfinsternis ausgehalten haben? Mag man die Wärme im ganzen auch dort noch so sehr steigern, so bleibt doch der gewaltige Gegensatz dieser sonnenlosen Dauernacht, in der die Temperatur extrem fallen mußte. Selbst die Tropen, an den Pol versetzt, würden in diesem Sinne nicht mehr Tropen sein. Und der reine Lichtmangel selbst? Man hat an Tropengewächse erinnert, die in dunkeln Treibhäusern überwinterten, oder an die Legföhren und Alpenrosen des Hochgebirgs, die unter ihrem Schnee auch kein Licht erhielten. Aber hier ist das dunkle Treibhaus besonders geheizt oder die Pflanze ohnehin ein wetterhartes Wintergewächs. Auf jeden Fall würde man machtvolle Anpassungswandlungen für da oben erwarten, – während doch die Dinge ganz und gar so erscheinen, als hätten sie sich am wirklichen Müggel- oder Genfer See abgespielt. Die Biologen haben denn auch immer den Kopf geschüttelt zu diesem halbdunkeln Paradies. Will man ehrlich sein, so muß doch auch hier jede echte Wettertheorie erst etwas Geheimnisvolles entzaubern.

Unterdessen gibt aber selbst die ganze Tertiärfrage nicht den Schluß, – hinter ihr wächst nochmals heute das Unberechenbarste auf. Läge es doch nahe, aus der paradiesischen Erdwärme von dazumal nun auf ähnlichen Stand wenigstens für den weiteren Erdgeschichtsrest zu schließen. Hinter dem Tertiär dehnen sich zeitlich die großen Blütenalter der drachenhaften Saurier, und diese Saurier waren als Reptile nach gangbarem Schluß alle »wechselwarm«, also nur recht munter und lebensfähig, wenn ihnen die Sonne ordentlich aufs Blut brannte. Und in der Tat sehen wir auch in Jura und Kreide zunächst wieder dicke Wälder von Sagopalmen (Zykadeen), die uns heute wie ein Südseeidyll anmuten, bis Grönland und Franz-Joseph-Land wachsen. Ein ganz geringer Zonengegensatz soll sich allmählich zwar geltend gemacht haben, doch würde (abgesehen vom argen Schwanken der Deutungen) das nicht anders sein als im Tertiär, wo auch polar zwar Magnolien, aber doch keine Palmen mehr standen. Jedenfalls schwamm der berühmte Ichthyosaurus zu seiner Zeit ruhig bis nach Spitzbergen, und an allen deutschen Küsten grüßten ihn wieder die bunten Korallenriffe des Heizwassers. Über das noch ältere Klima der Steinkohlenzeit ist dann noch Streit. Früher hielt man's überall für geradezu extrem tropisch bis ins äußerste Sibirien und Nordamerika hinauf. Dann bestritt man das, weil sich Torfmoore (wie man sie für die Steinkohle brauchte) im echten Tropenklima nicht halten sollten. Dann wieder ist auch das widerlegt worden, und heute hält man wenigstens für die Fülle der Zeit ein bei sehr großer Feuchtigkeit gemäßigt warmes Klima für das Wahrscheinlichste. Im ganz alten Silur kommen schließlich nochmals nordische Korallenriffe vor, jetzt sogar auch sie hochpolar, wobei für diese jede dunkle Tiefe scheuenden Pflanzentiere auch die Lichtfrage noch einmal wiederkehrte. Alles gut, aber so leicht stimmt die Rechnung abermals nicht. Die Folgerung wäre, daß alle jene ehrwürdigen Tage bis zum grauesten Lebensbeginn und wohl gar Ur-Sonnenstand der Erde nun gar kein Eis gekannt hätten. Grade das werfen neuere Funde aber erst recht um.

Wenn auf Neuseeland heute mal ein Gletscher bis in den dort noch fast steinkohlenhaften Farnwald langt, so könnte schließlich von sehr hohen Gebirgen aus so etwas ja auch in der echten Steinkohlenzeit gelegentlich geschehen sein. Aber darum allein kann sich's unmöglich handeln bei dem, was zuerst 1856 im südlichen Vorderindien, also ausgespart jetzt in den heutigen wirklichen Tropen, auskam. Dort stießen englische Geologen auf unzweideutige Eisspuren. Auf älterem Gestein lag eine tonig-sandige Schicht, im Innern dicht durchspickt mit für diese Gegend fremden, lose verschleppten Gesteinsscherben von bezeichnender Schrammung, – also die alte Sachlage: Geschiebelehm. Bloß aber, daß dieser Geschiebelehm diesmal nicht diluvial war, sondern selber schon uralt. Er gehörte zu den sogenannten Gondwanaschichten von der Grenze der Steinkohlenzeit und der nächsthöheren Permzeit, dort als Talchirschichten bezeichnet. Als ungefähr 20 Jahre später auch dort die gleiche Entdeckung anschloß, durch die sich Torell in Rüdersdorf berühmt gemacht: Nachweis noch älteren geglätteten Grundgesteins durch die Schleifarbeit des Gletschers selber, der den Geschiebelehm gebracht, blieb kein Zweifel, daß es sich um eine *große Oberflächenvereisung* auch für damals handeln mußte. Und als sich in der Folge noch zwei Tafeln solcher Eisschrift ziemlich weit herum im Lande fanden (eine davon schon fern im Salt Range oder Salzgebirge am oberen Indus), schien erwiesen, daß diese Vereisung zu ihrer Zeit über ganz Vorderindien gegangen, wie die diluviale über Norddeutschland. In besagten Salzbergen mußte sie gegen ein nördlich hier anschließendes Meer abgebrochen sein, noch glaubte man deutlich auf die Erlebnisse einer immer erneut gefrorenen Schlammküste zu sehen, wo die miteingefrorenen Blöcke zu seltsamen spiegelglatten Flächen abgeschliffen worden waren.

Aber wieder: wie die diluviale Vereisung sich nicht auf Europa beschränkt, sondern auch über Nordamerika hatte verfolgen lassen, so sollte es auch diesmal nicht bei Indien bleiben. Ganz die gleiche Lage für gleiche Zeit konnte seit 1870 im südlichsten Afrika nachgewiesen werden, also jenseits jetzt des Äquators nach der andern Seite bis über den Wendekreis hinaus. Dort entsprach die unterste Lage des sogen. Karroogesteins im Kapland genau der indischen Talchirschicht, und auch diese afrikanische Dwykaschicht, wie man sie nach einem Fluß dort nannte, bildete richtiger Geschiebelehm auf abgehobeltem Urland. Ja eine dritte Ecke tauchte im australischen Gebiet auf. Dort hatte das uralte Eis das ganze Südostviertel von der Mitte bis zur Küste von Südaustralien, Viktoria, Neusüdwales und bis nach Tasmanien hinein verhobelt, um schließlich auch an einem geheimnisvollen nordöstlichen Eismeer, in das seine Eisberge schwammen, zu enden. Verknüpfte man diese drei Schauplätze im Geist und sah den Eisblink über das ganze Zwischengebiet schreiten, wo allerdings jetzt der Indische Ozean blaute, so blieb keine Wahl vor dem Ungeheuren: man stand vor einer zweiten, so viel früheren Eiszeit, einer permischen ungefähr.

Die Tatsache solcher schon einmal um 20 und mehr Millionen Jahre der diluvialen voraufgegangenen Ur-Eiszeit, auf die erst noch wieder jene hohe Erdwärme der Sauriertage und des Tertiärs *gefolgt* wäre, hat allerdings zunächst etwas geradezu Niederschmetterndes. Die Widersprüche des Klimas scheinen damit auf dem Gipfel. Ich erinnere mich noch aus kleiner eigener Erfahrung, wie ich vor etwa 20 Jahren gelegentlich in einem Aufsatz dieser Permeiszeit gedachte und darob von einem wissenschaftlichen Kritiker, der noch nicht verfolgt, was da anwuchs, böse angefahren wurde, ich solle doch nicht so offenkundigen Unsinn ans Volk verzapfen. Und doch standen die Grundtatsachen damals schon fest und stehen heute fester als je; jedes Lehrbuch verzeichnet sie. Dabei ist aber schließlich gar nicht so sehr der entlegene Zeitpunkt dieser Voreiszeit das so ganz Merkwürdige geblieben, sondern ihr Ort. Man muß sich zum Verständnis einen Augenblick die Erdkarte jener Steinkohlen- und Permzeit vergegenwärtigen. [3]

Jene drei Ecken: Indien, Kapland und Australien, lagen damals aller Vermutung nach eingegliedert in einen großen Erdteil, den Sueß nach jenen indischen Schichten das Gondwanaland genannt hat. Irgendwie angegliedert war ihm wohl auch Südamerika. So bildete es einen kolossalen südlichen Block, der jahrmillionenlang halb ringförmig einem entsprechenden nördlichen, in dem Nordosten, Europa und Nordamerika steckten, gegenüberlag, durch einen Meeresgürtel, der in der Fortsetzung unseres Mittelmeers Asien durchquerte, die Tethys, gesondert. Über diese weite südliche Landfläche werden wir uns nun auch jene Eisdecke erstreckt denken müssen, wobei verwunderlicherweise die Richtung der Eishieroglyphen nicht dafür spricht, daß sie sich vom Südpol bis an den Äquator herunterdachte. Die Eisfirst scheint vielmehr stark gegen den Äquator selbst zu gelegen zu haben, so daß das Eis über Südafrika von Norden floß, während es über Indien die Gestade der Tethys und über Australien die des Stillen Ozeans vereiste. Soll die First doch mit dem Südpol in Verbindung gedacht werden, so müßte dieser Pol damals bis über die Mitte des Indischen Ozeans verschoben gewesen sein. Will man aber die Vergletscherung gar bis Südamerika dehnen, wo neuerlich in Brasilien ebenfalls starke Eisspuren entdeckt worden sind, so wäre damals Eis sozusagen als Halbring mit dem Äquator um die Erde geflossen. Unwillkürlich fragt man vor dieser unerhörten Vorstellung, wie denn die gleichzeitigen Dinge im Nordpolargebiet gewesen sein sollten. Nun, von einer allgemeinen Vergletscherung etwa auch bei uns in Europa kann wohl nicht die Rede sein. Immerhin sind im permischen Rotsandstein Westfalens unzweideutige Gletscherspuren örtlich nachgewiesen worden. Sie könnten einem einzelnen vergletscherten Gebirgsgebiet verdankt sein, aber auch dessen Dasein spräche für einen gewissen Klimasturz auch da drüben. Mag in den letzten Punkten noch einiges schwanken: so viel bleibt, daß jede künftige Eiszeittheorie, die nicht sofort totgeboren sein will, auch das Wunder dieser Permeiszeit mitumfassen und deuten muß, mindestens mit ihrer Lage zum Äquator und ihren drei Haupt-Fixpunkten Indien, Südafrika, Australien.

Wobei immerhin auch schon hingewiesen sei auf ein letztes dräuendes Gespenst einer *noch weiter* abliegenden *dritten* Eiszeit in der vollends entlegenen algonkisch-kambrischen Zeit, der man gegenwärtig auf der Spur. Das wäre nochmals eine weite, weite Kette von Jahrmillionen zurück. Abermals müßte das Klima vor der Permeiszeit in den Wärmegraden hoch heraufgegangen sein, um dann (rückwärts geschaut) nochmals in entsetzlichem Fall abzusinken. Wie fern das gewesen wäre, liest man am Lebensbuch der Erde: dort herum beginnt für uns die erste unzerstörte Überlieferung von Leben überhaupt, noch scheint es keine Landpflanzen und Landtiere gegeben zu haben, Morgenrot liegt über allem. Und doch auch da schon, unter diesen, man möchte sagen, auch noch nahezu mythischen Verhältnissen, die geheimnisvoll beredte Gletscherschrift auf Nordamerika, der Gegend unseres Nordkaps, dem fernen Spitzbergen, der öden Lenamündung in Sibirien, ja im späteren Permgebiet des gleichen Südafrika und Südaustralien selbst, vielleicht sind es mehrere Eiszeiten, nordische, Äquatoriale, die uns da verschwimmen, denn so unfaßbar lang waren jene Urtage, die ein Wort wie algonkisch und kambrisch umgreift, daß vielleicht für ganze Abstände wie permisch zu diluvial darin noch einmal Raum gewesen ist. Jedenfalls aber, wenn sich auch diese Dinge bestätigen, wächst damit die Wahrscheinlichkeit, daß wir es im Ganzen der Erdentwicklung bei diesen Eiszeiten mit periodischen, über ungeheure Abstände hin fortgesetzt wiederkehrenden Erscheinungen zu tun haben – und auch das muß fortan jede Theorie in Rechnung ziehen.

Wir wenden uns zu solchen Theorien jetzt selbst. Denn das ist vollends Grundnotwendigkeit jedes neuen Erklärungsversuchs, daß ein gewisser auserwählter Kreis bester schon vorhandener Deutungen vorher durch und durch gedacht sei, – sei es selbst, daß keine davon schon für endgültig richtig gelten soll. Gedankenschweiß fast ohnegleichen steckt in diesen klassischen Deutungen bisher, und schon um seinetwillen sollen sie uns ehrwürdig sein in der menschlichen Geistesgeschichte. Durch Himmel und Erde ist der Blick geschweift, diese alten Wunder zu deuten, – und zwar war es der Himmel, an dem er zunächst gar lange haften sollte.

Es sind ein paar einfache Bilder, die sich da vor Augen stellen. Einfach und doch von kosmischer Erhabenheit. Im eisig kalten Raum schwebt unsere Erde. Eisig ist dabei nur ein stammelndes Wort. Es handelt sich um Kältegrade, bei denen die Bestandteile unserer Luft gerinnen würden. Die Ziffer wird heute meist nicht fern von dem sogenannten absoluten Nullpunkt, also $-273°$ C, angesetzt. Durch diese Gegenhölle weht der feine kosmische Staub, aus dem sich vielleicht Welten ballen, stürzen die Meteorblöcke, in die vielleicht Welten wieder zerfallen sind. Hindurch äugen wie Blumen des sich erschließenden und wieder abblühenden Weltengartens die blauen, gelben und roten Fixsternsonnen. Aber nur eine davon ist uns so nahe, daß sie uns wirklich vom Bann dieser erbarmungslosen Raumeskälte erlösen kann: unsere eigene Sonne.

Schon in Tagen, da man von diesem wahren Sachverhalt nichts ahnte, pries frommer Glaube sie als das Segensauge der Gottheit für uns. Der Landmann dachte dabei an sein Korn, seine Traube, die sie reift. Um aber den ganzen Gegensatz zu empfinden, muß man jene Schilderungen unserer Polarfahrer lesen: wie sie die Monde der Polarnacht hindurch mit ihrem Schiff im Eis eingekeilt saßen, inmitten völliger Verödung des Lebens, bloß gerettet durch die paar Stückchen mitgebrachter Steinkohle (also alter Sonnenwärme der Urwelt selbst, in Stein gebannt), bis endlich das Gestirn wieder aus dem roten Dämmer blickte. Sie haben etwas durchgemacht von einer wirklichen »Eiszeit«. Und so ist es ein nächster Gedanke, auch Sonne und Eiszeit in der Theorie zu verknüpfen. Ob die Sonne damals ihr segnendes Auge für eine Weile geschlossen haben könnte oder doch bloß blinzelte, so daß die Polarwüste mehr Macht gewann?

Es ist aber noch ein anderes da vorweg zu erwägen. Was auch kein alter Sonnenanbeter mit noch so viel Metamorphosen seinen Göttern und Helden ansinnen konnte, das ist uns geläufig: unsere Erdkugel ist in entlegensten Tagen wohl selber einmal eine kleine Sonne gewesen, die sich selbst geleuchtet, sich selbst gewärmt hat. Heute ist der Rest nach gangbarer Meinung in die schaurigen Tiefen unter der Erstarrungsrinde eingemauert. Aber könnte die alte Titanin nicht auch von da drinnen noch lange auf unser Klima eingewirkt haben?

Der Gedanke gipfelt darin, daß wir ehemals noch eine Fußheizung gehabt hätten. So mußte es warm sein bis zum Pol, denn der innere Ofen legte vielleicht noch bis zum Doppelten der Sonnenhilfe zu. Und erst als die Zentralglut sich immer dicker abkapselte, bedeckten sich die Pole mit Schnee, die Eiszeit kam und wird immer furchtbarer wiederkehren. Die Theorie ist eine der ältesten, scheint noch immer die einfachste und ist doch am leichtesten zu widerlegen.

Sie erklärt nicht, warum das Klima sich seit der Eiszeit wieder gehoben hat. Heizte der innere Ofen seit Ende des Tertiärs bereits so schwach, daß die Sonne des Eises nicht mehr Herr werden konnte: warum sind wir dann nicht in der Eiszeit geblieben? Sie steht ebenso ratlos vor der Permeiszeit. Um sie zu deuten, müßte sie ein periodisches Nachlassen und Wiederaufflackern des Erdofens annehmen, das seit Jahrmillionen bereits wärmere und kältere Erdzeiten wechseln ließ. Das aber wäre eben ein Beispiel schon jener oben gerügten Phantasiearbeit, – um die Annahme der inneren Heizung zu retten, wird bloß zum Zweck eine zweite, völlig unbewiesene Annahme: periodischer Wechsel solcher Heizung, gemacht. Doch selbst ohne das wäre die Bodenheizung, ich möchte sagen, technisch gar nicht so leicht zu verstehen, wie es auf den ersten Anblick scheint. Gewiß hat die Erde seit Urtagen gelegentlich und örtlich mit Hitze von innen heraus gewirkt. Diabas, Porphyr, Basalt sind als glühende Lava durch die Erdenzeiten geflossen. Heiße Quellen haben mollige Badestuben gebildet, wie wir deren eine schon im Tertiär von Steinheim in Schwaben nachweisen können, zu der von weither die Urpferde, Flußschweine und Nashörner der Gegend sich wie zu einem »Badeort« versammelten, während die Hitze des Wassers die einwohnenden Schnecken (Planorbis) zu seltsamen Formverwandlungen trieb. Aber um wirklich den Erdboden so zu heizen, daß von innen etwa noch einmal die ganze äußere Sonnenwärme hinzugebracht würde, müßten (mit Frechs Rechnung) schon bei 10 m Tiefe des Sandstein- oder Kalkbodens 1000° C oder volle Rotglut unter unsern Füßen herrschen, was größere Baumwurzeln bereits mit Sengen bedrohte. Umgekehrt kennen wir aus den algonkisch-kambrischen Urtagen Sandsteinablagerungen von 2000 m Dicke, die nicht die geringsten inneren Verbrennungen (sogen. Kontaktspuren) zeigen, als wenn Wärme durch sie bis zur Oberfläche aufgestiegen wäre (Walther). Es wird nichts übrig bleiben, als daß unsere »innere Sonne« schon so ganz früh gleich Lava unter dünner Haut bis zur Unkenntlichkeit abgesperrt war.

Wenn aber die Sonne allein die gütige Geberin war, könnte nicht auch ihr Füllhorn im langen Zeitenlaufe nachgelassen haben? An ferne Sonnengestade führt uns der Gedanke. Auf die zauberhaft schöne Tropeninsel Java mit ihren Palmenparadiesen und dampfenden Vulkanen. Dort wurden im Tuff einer wohl frühdiluvialen Vulkankatastrophe jene seltsamen Knochen des halb affen-, halb menschenhaften Wesens Pithekanthropus gefunden. Die Fundstätte ist interessant für die Eiszeit selbst, die in fluchtartigen Tierwanderungen und einer Flora größerer Feuchtkühle damals, scheint es, schon bis dort hinüber anklang. Uns aber fesselt der Mann, der den einzigartigen Fund getan: Eugen Dubois. Gleichzeitig da drüben in den Tropen hat er auch das beste neuere Buch über die Sonnentheorie (solare Theorie) der Eiszeit geschrieben (erschienen 1893).

Die Sonne, so dachte sich damals der geistreiche und vielseitig kundige holländische Forscher, ist ein Fixstern wie die andern, bloß weiter entfernten unseres nächtlichen Firmaments. Auch sie muß im kalten Raum beständig fortschreitend erkalten. Zwar ersetzt sie für die Beobachtung kurzer Zeiträume ihren Wärmeverlust nach dem ewigen Kraftgesetz wieder durch eigene Zusammenziehung; aber auch das hat Grenzen. Schon sehen wir im Raum neben ihr jene blauen, gelben, roten Schwestersonnen. Sie selbst ist gelb. Von den blauen Sonnen nimmt man an, daß sie noch heißer sind als sie, von den roten, daß sie schon weniger warm. Sie war einmal blau und wird abglühend rot werden, ehe sie ganz erlischt wie jene Gespenstersterne im All, deren Dasein wir nur rechnend noch aus ihren Schwerewirkungen erschließen. Eine oft benutzte Theorie nimmt an, daß die Sonnenflecke bereits Anzeichen des beginnenden roten Stadiums bei ihr sind. Diese Sonnenflecke scheinen sich periodisch zu vermehren: vielleicht stehen wir dem endgültigen Rotstand schon sehr nahe. Wie wir Sterne haben, die periodisch heller und wieder schwächer glänzen, schwankt vielleicht auch die Sonne bereits in größeren Zwischenräumen zwischen Gelb und Rot auf und ab. Rot bedeutet stärkeres Auftreten chemischer Verbindungen, die weniger Wärme strahlen. Nun übertragen wir das auf geologische Zeiten. In älteren Tagen leuchtete die Sonne uns noch blau und gab damals also ebenfalls viel mehr Wärme. Unsere Tropen wurden dabei doch nicht überheizt, denn eine dichtere, sehr wasserdampfhaltige Atmosphäre milderte dort das tiefere Eindringen der violetten Strahlen, während die Wärmezirkulation eben durch deren Energie verstärkt und so die abströmende Wärme vornehmlich den Polen zugute gebracht wurde. Mit dem späteren Tertiär aber trat die Sonne ins gelbe Stadium, in das sich sehr bald auch schon rote Schwankungen mischten. Gelb gab das heutige Klima, Rotschwankungen dagegen begünstigten Eiszeiten, die einander folgten, von gelben Interglazialzeiten jedesmal mit einer Art Aufflackern unterbrochen. In einer solchen Interglazialzeit leben wir heute. Noch längere Zeit mögen die Schwankungen anhalten, bis kurz vor Ende des Sonnenlebens die kalten Perioden rasch anwachsen und endlich die Sonne dauernd rot und zuletzt ganz dunkel wird, wobei eine letzte nicht endende Eiszeit sich für uns zur Götterdämmerung erfüllt; nicht schön, aber danach hat der Forscher nicht zu fragen. Dubois hat daran noch interessante Exkurse über Wirkung des blauen und gelben Lichts auf Entwicklungsbeschleunigung und Pflanzenchlorophyll geknüpft, die Stahl nachher unter anderm Gesichtspunkt wieder aufgenommen, die uns hier aber nicht zu beschäftigen brauchen. Die geologischen Zeitziffern hat er zu kurz gegriffen, um seine Sonnenperioden hineinpressen zu können, wie er sie sich astronomisch dachte; doch ließe sich da leicht das eine am andern strecken. So bleibt kein Zweifel, daß die Theorie hübsch wirkt, bis – ja bis man sie doch auch wieder an den Tatsachen prüft.

Die Permeiszeit oder gar die kambrische würden nötig machen, daß wir uns seit damals bereits inmitten der Rotschwankungen befänden. Mit ihrem Auf und Ab an Warm, Gemäßigt, Kalt müßte die Erde durch ein Wechselspiel ihrer Sonne von Blau, Gelb, Rot in beständigem Durcheinander gegangen sein, wozu keine bekannte Sternstufe irgendeinen Vergleich bietet. Das Heranziehen der Sonnenflecke als Anzeichen immerfort dräuender »Rotscheiben« im Himmelsapparat unterliegt für sich Schwierigkeiten. Gewiß: periodisch wechselnde Vorgänge kommen hier kosmisch in Betracht. Diese Sonnenflecke zeigen heute eine überaus interessante regelmäßige Periode von allerdings kurzer Dauer. In jedesmal rund elf Jahren sinken sie zu einem Minimum herab und steigern sich wieder bis zu einem Maximum. Feine Schwankungen deuten an, daß wahrscheinlich diese Periode sich in ein paar geringfügig größere von 35 und 72 Jahren einordnet. Zwischen diesem Sonnenfleckzyklus und gewissen irdischen Erscheinungen besteht nun auch ein unzweideutiger Zusammenhang. Mit den Sonnenflecken sinken und vermehren sich Störungen der Magnetnadel bei uns, magnetische Gewitter, Nordlichter. Und seit man das weiß, ist immer wieder auch versucht worden, einen Einfluß auf unser Wetter nachzuweisen. Die mittlere Jahrestemperatur sollte entsprechend etwas schwanken, etwas mehr oder weniger

Regen sollte fallen, die Zyklone sollten sich abhängig zeigen, von alledem ist bisher aber nur *ein* loser und dunkler Bezug geblieben.

Den ausgezeichneten Forschungen von Brückner verdanken wir den Nachweis, daß in dem ganz engen Verlauf unseres Wetters von heute sich auch eine allerdings höchst merkwürdige kurze Periode geltend macht. Brückner beobachtete zuerst am Spiegel des Kaspischen Meers eigentümliche Zu- und Abnahmeschwankungen im Verlauf von rund 35 Jahren. Es ergab sich, daß sie verursacht waren durch periodisch verschiedene Dauer der Eisbedeckung und Höhe des Wasserstandes der einmündenden Ströme. Das aber wieder führte auf eine 35jährige Periode kühlerer Regenwitterung. Nasse Kältejahre waren z.B. für Rußland 1745, 1775, 1810, 1845, 1880, trockene Wärmejahre 1715, 1760, 1795, 1825, 1860 (nach Hann). Mit geringer Einschränkung hat sich das dann als ein allgemein gültiges Witterungsgesetz durchführen lassen, und eine ganze Masse gewöhnlicher Aussagen und Überlieferungen von einem seit einem Menschenalter bereits merkbar gewordenen vermeintlichen Dauer-Niedergang oder -Aufstieg des Klimas haben in dieser »Brücknerschen Periode« ihre sehr harmlose Erklärung gefunden. Man kann die Ziffer tatsächlich bis in die Statistik unserer Getreidepreise hinein verfolgen. Und sicherlich ist es die bedeutendste Witterungstatsache, die wir bisher kennen, mehr wert, als tausend Wetteransagen tierischer wie menschlicher Laubfrösche.

Wenn man nun aber fragt, was diese Brücknersche Periode veranlasse, so stehen wir wieder vor dem Tor. Und es könnte höchstens eben ein Anhalt sein, daß die Ziffer 35 auch in jenem Sonnenfleckenzyklus eine Rolle zu spielen *scheint*. Das ist aber auch wieder alles, was wir wissen. Die winzige Schwankung der Brücknerschen Periode für alle Eiszeiten, Pluvialperioden, Wärmesteigerungen der Geologie verwerten, hieße ihr selbst eine ungeheure zyklische Steigerung andichten, zu der das harmlose Periödchen doch nicht den leisesten Anlaß gibt. Selbst dann aber bliebe für Dubois' Folgerungen unsere Unkenntnis, was Sonnenflecke eigentlich sind. Für ihn bedeuten sie ohne weiteres Sonnenverdunkelungen mit Kältewirkung. Andere sehen dagegen in diesen »Flecken« genau entgegengesetzte Gebilde. Nach Arrhenius', des großen Astrophysikers, Ansicht handelt es sich in den starken Sonnenfleckenzeiten um verstärkte Sonneneruptionen, die unsere Lufthülle zeitweise stärker mit Sonnenstaub versetzen, der dann als magnetischer Störenfried wirkt. An sich könnte solcher vermehrte kosmische Staub ja irdische Wolkenbildung anregen oder auch selber nach Art der berühmten Aschenwolke des Krakataua-Vulkans, die jahrelang unsere Dämmerfarben vertiefte, das Sonnenlicht vorübergehend stärker abblenden und so die Wärmestrahlung schwächen, daß indirekt unser Klima sänke. Von den berühmten Erforschern der Inseln Ceylon und Celebes, den Vettern Sarasin in Basel, ist gelegentlich solche Abblendungstheorie durch Staub als Eiszeitursache wirklich aufgestellt worden, wobei ihre Urheber aber nur an irdischen Vulkanstaub dachten, – ein Anklang an eine Vulkantheorie der Eiszeit, die uns noch beschäftigen soll. Aber für Arrhenius sind seine Sonnenflecke grade Zeichen *verstärkter* Sonnenstrahlung, und das höbe die Staubwirkung vielleicht wieder auf oder spräche gar dafür, daß die Maxima der Sonnenflecke unter Umständen stärkere Erwärmungszeiten bedeuten könnten, genau umgekehrt zu Dubois. Man kommt auf den toten Punkt, der doch bezeichnend ist für verschiedene Eiszeitlehren: daß man nämlich mit dem gleichen Prinzip je nachdem die Existenz der Eiszeit und auch ihre Nichtexistenz beweisen kann, – dem Vorsichtigen Beweis, daß hier wohl im ganzen noch keine richtige Spur ist.

Wenn die Innensonne und die Außensonne nicht helfen wollen, so könnte man einen Augenblick erwägen, daß es ja noch »Übersonnen« gibt, kosmische Gewalten, an denen Sonne wie Erde gemeinsam hängen. Eine alte und hartnäckige Theorie sucht die Ursache der Eiszeiten im Raume als solchem. Die Sonne, bekanntlich selbst bewegt, soll mit uns abwechselnd durch wärmere und kältere Raumgebiete hindurchschneiden. In dieser nackten Grundform, wie sie gewöhnlich beliebt, ist die Theorie einfach sinnlos, denn wir haben nicht den geringsten Anlaß, den Raum, in dem bis in die fernsten Weiten die Sterne erkaltend von Blau zu Rot und Dunkel herabbrennen, an sich anders als gleichmäßig kalt anzunehmen. Man müßte schon den Fall setzen, daß die erhöhte Wärme von einer fremden Sonne stammte, der unsere Sonne sich periodisch näherte. Tatsächlich ist aber selbst die nächste Fixsternsonne (**Alpha Centauri** am

Südhimmel) mehrere Billionen Meilen weit von uns entfernt. Von einer Zentralsonne, der uns auch eine stark elliptische Sonnenbahn nicht so ganz weit entführen könnte, sehen wir nichts, und sehr gut könnte die Sonne auch um einen Gleichgewichtspunkt kreisen, in dem gar keine wärmende Masse stände. Wir gingen seit der Diluvialzeit doch schon wieder auf solchen neuen Wärmestern los: warum sähen wir ihn nicht am Firmament? Oder man müßte an feines Nebelgewölk denken, das wir mit unserer Sonne zeitweise passierten. Seit wir vermuten, daß die echten Nebelflecke (Gasnebel) uns näher stehen und wirklich wohl wie Gewölk zwischen den Fixsternsonnen eingelagert sind, hat das etwas mehr für sich. Für gewöhnlich wird aber diese Nebelmaterie so fein sein, daß aus ihr so wenig Wirkungen entstehen können wie aus jenem berühmten Schweif des Halleyschen Kometen. Dichtere Stellen dagegen würden sich umgekehrt wohl eher in chemischen Zumischungen oder großen, alles vernichtenden Katastrophen äußern, wie man ja das jähe Aufflammen sogen. »neuer Sterne« auf solchen Eintritt eines Weltkörpers in eine dichte Nebelwolke gedeutet hat. Vielleicht noch am meisten hat die Idee für sich, daß ein mittelfeiner Nebelstoff auch als Sonnenabblender wirkte und so Eiszeiten bei uns schüfe; Nölke hat an diesem Faden gesponnen. Aber sind nun unsere im Lauf der Jahre so rasch wechselnden Nebelfleckentheorien selber richtig? Immer muß lose Theorie wieder die Theorie stützen! Man wird nebenbei beachten, daß keine dieser Meinungen jene Lichtfrage der Polarlande im Tertiär berührt. Dazu ist gelegentlich an eine räumlich sehr viel ausgedehntere Sonne gedacht worden, die sich etwa noch bis über die heutige Merkurbahn erstreckt haben könnte. Die Ablösung des Planeten Merkur im Sinne der Kant-Laplaceschen Theorie müßte dann erst in der geologisch kurzen Zeit seither erfolgt sein, – eine Annahme, die an Ungeheuerlichkeit wirklich nichts zu wünschen übrig läßt.

Inzwischen gibt es aber noch einen ganz anderen Weg, die Sonne für uns kühler oder wärmer zu machen, ohne daß man an ihr selber dabei in Gedanken herumzuheizen brauchte. Wenn wir schon von der Sonnenbahn reden, warum dann nicht von der Bahn der Erde selbst? Ich kann einen Ofen, der an sich gleich bleibt, doch als wärmer oder kälter empfinden, indem ich mich ihm mehr nähere oder mich mehr entferne. Wenn auch die Erde auf ihrer Bahn dem Sonnenofen im Zeitenlaufe bald etwas näher, bald etwas ferner gestanden hätte? Es ist ein ganzes Blütenfeld von Theorien, die hier aufgesproßt sind.

Die Erdbahn ist bekanntlich so wenig ein genauer Kreis, wie die Erde selbst eine vollkommene Kugel; diese reinsten Idealformen hat die Natur auch bei ihren großartigsten kosmischen Kunstwerken nicht durchzusetzen vermocht. Sie ist eine Ellipse, bei der die Sonne nicht genau im Mittelpunkt steht, und das bedingt, daß schon bei jedem gewöhnlichen Jahresumlauf die Erde dieser Sonne auf der einen Halbbahn etwas näher kommt und auf der andern etwas ferner bleibt. Nun stellen wir schon auf solchem einfachen Umlauf alljährlich auch eine entschiedene Wärmeänderung bei uns fest: große Gebiete unserer Erde erleben in Gestalt von Sommer und Winter etwas wie eine ständige Tertiärzeit und Eiszeit im kleinen. Es wäre einleuchtend, daß solcher Winter jedesmal käme, wenn wir der Sonne ferner, Sommer, wenn wir ihr näher sind. So einfach stehen aber wiederum bekanntlich die Dinge nicht. Sommer und Winter liegen für uns zunächst daran, daß die Erde aus einem an sich rätselhaften Grunde schief auf ihrer Bahn steht. Infolgedessen bietet sie der Sonne während ihres Umlaufs nicht immer freie Front dar, sondern gleichsam zwei schräge Katzbuckel, von denen immer nur der eine die halbe Bahn lang überhaupt gutes Licht und gute Wärme aufgebrannt bekommt und dann wieder der andere. Wie unabhängig für sich diese Sache läuft, zeigt am besten, daß wir auf dem Nordbuckel grade sommerlich gut stehen, wenn wir im ganzen der Sonne am fernsten sind, – zugekehrt ist hier eben weit wichtiger als nahe. Ganz belanglos sind aber doch auch fern und nahe wieder nicht. Nahe gibt ein klein wenig Wärme darauf. Dazu bummelt nach festem Weltgesetz die Erde fern etwas mehr als nahe, und folglich hat der Buckel, der fern Sommer und nahe Winter hat, etwas wärmere Winter und längere Sommer. Gegenwärtig genießt diesen Vorteil unsere Nordhalbkugel. Aber auch dahinein mischt sich noch etwas Eigentümliches, das jetzt nicht mit dem gewöhnlichen Jahr erschöpft ist. In einem Zyklus von zwanzig und einigen tausend Jahren zieht die Sonnen- und Mondschwere den vorgeschwollenen Dickbauch der Erde so herum, daß der Buckel, der soundso lange Fernzukehr hatte, auf gleiche Dauer Nahzukehr bekommt und umgekehrt. Es ist wie ein himmlischer Ausgleich, daß nicht einer immer bloß den Vorteil haben soll. Hat ihn heute der Norden, so wird ihn in den nächsten paartausend Jahren an der großen Weltenuhr der Süden bekommen. Präzession nennt man den Wechsel; im einzelnen spielt noch mehreres an Astronomischem mit hinein, das uns aber hier nicht weiter zu kümmern braucht.

Es war nun im Jahre 1842, daß in Frankreich ein Buch erschien, von einem Pariser Mathematiklehrer, sonst nur durch brauchbare Lehrbücher bekannt, Alphonse Joseph Adhémar, das nicht nur eines der frühesten, sondern auch merkwürdigsten der ganzen Eiszeittheorie sein sollte. Noch heute liest es sich wie ein spannender Roman Jules Vernes, und fast bedauert man, daß seine handfesteste Folgerung zur gelegentlichen kosmischen Aufrüttelung der Menschheit nicht wahr ist. In diesem Buche wurden zum erstenmal die Präzessionstatsachen für die wirkliche Eiszeit verwertet, – mit einer kleinen Hexerei, die noch eine ganze Pandorabüchse auf die Menschheit schüttete. Jede der Präzessionsperioden (die Adhémar mit einem bestimmten Abzug auf 21 000 Jahre rechnet) belegte abwechselnd einmal die Nord- und einmal die Südhalbkugel mit längeren und härteren Wintern. Darin häufte sich einmal hier, einmal dort stärker das Polareis, – wie das, nebenbei bemerkt, ein preußischer Offizier, Rohde, schon zu Anfang des Jahrhunderts einmal klar entwickelt hatte. Diese Häufung aber, lehrt unser Pariser Mathematikus, bedeutet jedesmal für die betreffende Halbkugel eine Eiszeit. Als der Zyklus uns zum letztenmal traf, rückten unsere Nordgletscher entsprechend vor. Seit Jahrtausenden sind wir jetzt wieder wärmer, dafür liegt gegenwärtig der Südpol unter kolossaler Eisglocke. Seit fernen Urweltstagen ist das so, und ewig wird es so sein. Mit dem nächsten halben Stundenschlage der Präzession werden auch wir abermals nordische Eiszeit erleben. Aber die Sache hat noch eine Klausel, und hier wird die Prophezeiung hochdramatisch. Jeder Pol, der das stärkere Eis hat, ändert damit den Schwerpunkt der Erde. Die Wasser strömen zu ihm hin: deshalb liegt heute das große Südeis inmitten uferlos blauenden Ozeans, während im Norden weites Land ragt. Kommt die Eiszeit neu zu uns, so wird sich's umlagern, das Südmeer neu zu uns heraufstreben. Aber allemal der letzte Akt solcher Neuverlagerung geht durch furchtbare Gewalt. Da birst erwärmt der letzte Eisblock in seinen Wassern, blitzschnell springt das Schwerezentrum ganz über, und in grausiger Katastrophe stürzen die Wasser ihm nach. Beim letzten nordischen Einbruch wurden so Elefanten bis ins sibirische Eis verschwemmt. Der letzte Südeinbruch aber war wohl die Noachische Sintflut. Heute rückt das Zeigerlein der Wage schon leise wieder nach Norden zurück. In 6300 Jahren ist der große antarktische Eisbruch mit neuer Sturzflut zu erwarten, – Menschheit, bereite dich, anstatt inneren Streit zu führen, baue Archen und Luftschiffe oder schlage deine Wohnung bei den Gemsen des Gebirgs auf!

Das kleine Buch wirkt, wie gesagt, noch heute bezaubernd, keines hat seinerzeit so durchgeschlagen, schien so einfach, löste so bis auf die Ziffern exakt. Schade nur, daß es dem nüchternen Urteil um so weniger standhält. Für unsere wahren geologischen Zeiträume erscheint der Präzessionszyklus unendlich viel zu winzig. Ließe er sich vielleicht noch in die diluvialen Interglazialzeiten hineindenken: mit wieviel Eiszeiten müßte er uns beglückt haben bis zur wirklichen Permeiszeit! Aber Adhémars Beweisführung ist schon in sich hinfällig. Auch das dickste Polareis würde den Schwerpunkt der Erde schwerlich ändern können. Ganz unmöglich aber erscheint der geringe Winterunterschied bereits als Ursache einer einseitigen Eiszeit.

Und doch hat die Bewegung nicht ruhen wollen, als müsse sich irgendwie hier noch einmal etwas Verbessertes anknüpfen lassen. Etwas, das den Schwereroman und seine phantastischen Sintfluten fortließ, dafür aber den zu kurzen Präzessionszyklus an einen größeren schloß und die Vereisung innerhalb der Präzession besser begründete. Der Schotte James Croll bezeichnet mit seinen höchst verdienstvollen Arbeiten zur Eiszeit, die sich seit Mitte der 60er Jahre folgten, diese Stufe der Theorie. Croll ging davon aus, daß es bei der Erdbahn tatsächlich noch einen Zyklus gebe außer der Präzession und ihren näheren Anschlüssen. Die Ellipsengestalt der Bahn selbst schwankt in großen Zeiträumen. Heute nähert sie sich mehr der Kreisform, zu andern erdgeschichtlichen und künftigen Tagen muß sie dagegen noch stärker von ihr abweichen, noch exzentrischer werden. Dieser Zyklus mag über Jahrhunderttausende, ja Jahrmillionen reichen, und seine Höhezeiten und Mindestzeiten mögen jede allein ganze Reihen des kleinen Präzessionswechsels umfassen. Alle jene guten oder schlechten Wirkungen der gewöhnlichen Lage müssen sich aber, lehrt Croll, in solchen extremen Zeiten entsprechend extrem vermehren: sehr kalte und endlos lange Winter z.B. für die im Präzessionszyklus jeweilig schlecht gestellten Erdseiten, kurze und warme für die guten. Und hier erst sieht unser diesmal sehr besonnener, selber gar nicht ausschweifender Urteiler die wahre Ursache auch von Eiszeiten. Sie treten nur in riesigen Zwischenräumen ein, wenn nämlich die Abschweifung der Erde von der Sonne im Höchstmaß steht, und zwar treffen sie dann je in halben Präzessionszyklen eine Reihe von Malen rasch hintereinander jede Erdhalbkugel. Über den Gegensatz der beiden Halbkugeln in der kritischen Zeit glaubte Croll dabei noch manches Anregende aussagen zu können, wobei ihn seine reiche Begabung als Klimakenner trug. Gegen die harten Winter der ungünstigen Halbkugel kamen ihre kurzen Sommer nicht auf. Große Schneemassen blieben dort liegen. Die verschlechterten dann (ein sehr richtiger Gedanke) selber wieder weiter das Klima. Die Passatwinde änderten sich, die warmen Strömungen flossen nicht mehr nach der kalten Seite ab; auch der Gedanke an solche Meeresströmungen (z.B. Versagen des Golfstroms) sollte fortan ein Leitgedanke der verschiedensten Eiszeittheorien bleiben. Umgekehrt vereinigte sich drüben alles Gute: während etwa die Nordhälfte unter Eiszeit schmachtete, blühte die andere in paradiesischer Pracht.

Zweifellos: Troll hatte mindestens zwei Klippen mit Glück umschifft, an denen Adhémar gescheitert. Und bis heute folgen ihm angesehene Geologen und Astronomen nach. Andererseits mußte sich aber auch zu ihm die Kritik geltend machen. Sie bestritt die Einzelheiten jenes allzu hell gemalten Gegenparadieses, schließlich war das aber ja nicht die Hauptsache. Doch sie bestritt auch selbst bei größter Exzentrizität immer noch die Nötigung der Eiszeit drüben. Hann, einer unserer besten deutschen Klimaforscher, meint, auch ein viermal stärker als heute gedachter Gegensatz der Hemisphären könne doch noch nicht hier das Paradies und dort die Eiszeit heranzaubern. Neumayr, der geniale Wiener Geolog, hat auch die sehr großen Ziffern des Exzentrizitätszyklus noch immer nicht für erdgeschichtlich brauchbar erklärt. Falle das letzte Höchstmaß vielleicht wirklich mit der diluvialen Eiszeit zusammen, so folgten sich die vornächsten Maxima in Abständen von dreiviertel und zweieinhalb Millionen Jahren, und das bliebe noch in der Tertiärzeit, die doch keinerlei Eisspuren zeigt. Und alle, die an »Bipolarität« der Eiszeiten glaubten, haben beklagt, daß bei Troll so wenig wie bei dem alten Adhémar jemals Nordeiszeit und Südeiszeit zusammentreffen Könnten. Auch jetzt blieb also noch als Aufgabe: vielleicht die Rechnung weiter zu bessern, mit irgendeiner Hilfserklärung die Kälte abermals zu mehren und die Bipolarität doch irgendwie als Möglichkeit zu retten.

Inzwischen brachte ein Kölner Realschullehrer, Schmick, einen neuen Gedanken ins Spiel: die Exzentrizität der Erdbahn müsse Einfluß auf die Umdrehung (Rotation) der Erde haben. Diese Rotation wird leicht gebremst durch verstärkte Fluterscheinungen unserer Meere, – solche wirksameren Flutwellen aber weckt die Sonne bei mehr exzentrischer Bahn. Daraus zog der norwegische Botaniker Axel Blytt den Schluß, daß in solcher Seit etwas verlangsamter Rotation die Zentrifugalkraft am Äquator abnehmen und alle Flüssigkeit sich mehr polwärts ausbreiten müsse, – ein Anklang an Adhémar, doch ganz neu gewendet. Nun war es schon eine alte Idee des Begründers neuerer Geologie Lyell gewesen, daß starke Verlandung am Äquator große Heizflächen für die Erdwärme schaffen und mildes Gesamtklima begünstigen müsse, während umgekehrt viel Wasser dort feuchte Zeiten mit starkem Schneefall in den kühleren Zonen, also eiszeitartige Erscheinungen, bringe. Ein Blick auf die Karten früherer Weltalter, wie sie die Schule von Sueß in Wien gab, legte nahe, daß wirklich seit grauen Tagen bis zu uns heran eine gewisse Tendenz zu solchem Wechselspiel bald mehr verlandeten Äquators und überschwemmter Pole, bald umgekehrt äquatorialer Meere und polaren Landes geherrscht habe. Dann aber drängte sich ein merkwürdiger Schluß auf. Die Zeiten sehr exzentrischer Erdbahn, in denen das Wasser vom Äquator fortfloß, waren nicht die geeigneten für eine Eiszeit, sondern umgekehrt die der *geringen* Exzentrizität, in denen die Rotation sich hob und die Fliehkraft die Wasser am Äquator sammelte. Schon der amerikanische Geolog Becker hatte gelegentlich Zweifel geäußert, ob nicht doch solches Minimum mit einer mittleren Temperatur auf der Erde passender sei, falls sich noch eine unmittelbare Eis-Ursache hinzufinden ließe; letztere hatte er allerdings in Schwankungen der Erdschiefe selbst gesucht. Aber die Frage entstand doch noch, ob die Verdunstungsfeuchte der Äquatormeere allein in den kühleren Zonen Eiszeiten zu erzeugen vermöchte. Hier mußte noch eine Hilfe einsetzen. Blytt, als er zuerst auf das Abströmen nach den Polen kam, hatte dabei (reichlich kühn) auch an Lavamassen des Erdinnern gedacht, die im Polargebiet stürmisch vordringen und die Wasser stauen müßten. Von da schien nur ein Schritt zu dem anschaulicheren Gedanken, daß jeder wirklichen Eiszeit eine polnahe große Gebirgsbildung vorausgegangen sein müsse, an der sich die vermehrte Luftfeuchte zu Schnee und Gletschereis kondensieren könnte. Große äquatoriale Wasserbedeckungen haben auch in Alttertiär und Kreide stattgefunden, ohne daß es doch zu Eiszeiten kam: damals fehlten eben große Erdgebirge, während kurz vor der Diluvial- und Permeiszeit solche frisch entstanden waren. Die Theorie gibt zugleich eine hübsche Stellung zur Bipolarität. Da die große Meeresfeuchte nach beiden Polen wirkt, *kann* sie bipolar erkälten, sie *muß* es aber nicht, falls nur gegen den einen Pol zu Gebirge ragen, zum andern dagegen nicht.

Es sind längst jetzt im wesentlichen Gedanken eines neuen Eiszeitdeuters, was ich hier vortrage, – von dem in Berlin wohnenden emeritierten Lehrer Max Hildebrandt wieder in einem der besten neueren Eiszeitbücher 1901 niedergelegt. Zum Ganzen wird man aber auch hier mit einem feinen Lächeln bemerken, wie vieldeutig die Dinge mindestens noch sind: wird doch mit dem Mindestmaß der Exzentrizität abermals das gleiche bewiesen, das oben vom Höchstmaß kommen sollte. Und im Engern lassen sich, so geistvoll die Begründung ist, gewisse Bedenken nicht verschweigen. Die permische Eiszeit mit äquatorialem Landeis paßt nicht hinein, und ob die geringe Rotationsänderung wirklich so große Wasserverlagerungen bewirken kann, bleibt problematisch, wie Arldt wohl mit Recht betont hat; hier aber hängt schließlich Wohl und Weh des Ganzen. Andererseits wird man nicht verkennen, daß der astronomische Zusammenhang mit der eigentlichen Eiszeitfrage auf diesem Wege bereits ein *überaus loser* wird. Wechselnde Land-, Wasser- und Gebirgsverteilung der geologischen Vergangenheit geben tatsächlich den Ausschlag, und deren Ursache könnte auch in rein irdischen Verhältnissen gesucht werden. [4]

In der Geschichte der Forschung kehrt ein bedeutsamer Augenblick öfter wieder. Man hat sich lange um Beantwortung einer Frage bemüht. Immer neue Versuche sind gemacht, die Tatsachen ihr anzupassen, die Deutung zu verfeinern, aber die Sache verwickelt sich. Da legt plötzlich einer die Stirn in die Hand und sagt: Halt, ist nicht in der ganzen Fragestellung noch ein Fehler? So war's, als das ptolemäische Weltsystem in immer kniffeligere Rechnungen führte und Kopernikus einfach umdrehte und die Sonne in die Mitte setzte. So, als Kolumbus durchaus in sein Mittelamerika hatte Japan und die Sundainseln hineinsehen wollen und die folgenden fragten, ob hier nicht ein ganz neuer Erdteil entdeckt sein könnte? Auch die Theorie der Eiszeit sollte noch einmal solche Damaskusstunde erleben, wo es schien, als sei ihr Problem falsch, und es ist nicht ihr wenigst lehrreiches Kapitel, das hier einsetzt.

Wir sind aus astronomischen Sonnenweiten immer mehr auf die Erde selbst als Himmelskörper herabgestiegen. Schon bei jenem merkwürdigen Drehzyklus der sogenannten Präzession entschied ja nicht mehr so sehr die eigentliche Bahn um die Sonne, als eine gewisse Richtungsumschaltung an unserer eigenen irdischen Achse. In soundso viel tausend Jahren schaukelte die schiefe Erde sich immer einmal wieder grade so herum, daß ihre Achse genau entgegengesetzt schief zur Sonne und den Sternen zu stehen kam, als zuvor. Dabei pflegt allerdings ein, ich möchte fast sagen, hergebrachtes Mißverständnis mitunterzulaufen, dem fast jeder unterliegt, der sich diesen schwierigen astronomischen Dingen zum erstenmal hingibt. (Die meisten Lehrbücher stellen die Sache rein mathematisch dar und machen sie damit leider vollends unverständlich; denn der unbefangene Blick verlangt mit Recht zuerst gegenständliche Anschauung und nicht Ziffern.) Es wird nämlich angenommen, bei jenem Kreiselspiel der Jahrtausende, das unsere Erde da herumtrundelt wie einen wahren himmlischen Brummkreisel, verändere sich auch die Schiefe ihrer Achse als solche mit: wir ständen also mal noch schiefer und mal wieder aufrechter dabei. Das ist indessen keineswegs der Fall: die Drehachse unseres dicken Brummkreisels weist nur entsprechend nach und nach auf immer andere Sterne da draußen hin: ist's heute der danach benannte Polarstern im Kleinen Bären, so dereinst einmal die herrliche Wega. Und an diesem schon in geschichtlicher Zeit merkbaren Fortzittern am Himmel hat man den ganzen Sachverhalt überhaupt herausbekommen. Die Schiefe der Achse selber aber bleibt davon genau so unberührt wie die einer auch von Natur zufällig schiefen Wetterfahne, die ein Wirbelwind einmal ganz um sich selbst herumtreibt, so daß ihre Spitze jetzt dahin und jetzt entgegengesetzt deuten muß, ohne daß er sie doch dabei an sich schiefer oder grader rücken könnte. Eben dieses Mißverständnis führt aber, richtig geleitet, doch auch wieder auf einen tatsächlichen Sachverhalt.

Nicht wegen der Präzession, aber aus eigenem Grunde schwankt nämlich auf einige Jahrzehntausende hin ein klein wenig wirklich auch die Achsenschiefe. Im planetarischen Balancespiel zittert gleichsam auch der Plan, in dem die Erde läuft, etwas gegen ihre Achse. Kippt diese schiefe Achse heute um rund dreiundzwanzigeinhalb Grad von der senkrechten Lage über, so mögen es zu andern Tagen gegen fünfundzwanzig und wieder zu andern nur etwas unter zweiundzwanzig sein. Das ist gewiß nicht viel, und doch haben sich auch hier gelegentlich Eiszeittheorien eingehakt, wenn auch ohne besonderen Erfolg. An der Achsenschiefe hängen, wie gesagt, unsere Jahreszeiten und damit gewiß tiefste Grundlagen unserer gesamten klimatischen Ordnung. Wenn die Präzession hier nur gleichsam die Reihenfolge vertauschte, so rüttelte eine wirklich geradere oder schiefere Achse am Bestande selbst. Andererseits ist jener sicher errechnete Betrag aber tatsächlich so gering, daß er auch nur verschwindend winzig wirken kann. Jenes kleine Mehr an Schiefe, nach Jahrtausenden immer einmal wiederkehrend, würde vielleicht den Unterschied der extremen Jahreszeiten etwas verschärfen, den Pol um ein ganz Geringes stärker erwärmen können. Und umgekehrt. Wobei über die Einzelheiten sogar noch starke Meinungsverschiedenheit besteht. Daß das aber auf keinen Fall schon Wärmezeiten oder Eiszeiten erzeugen kann, zeigt wieder die Kürze der Periode, die beispielsweise die wirkliche warme Tertiärzeit mit Dutzenden von Eiszeiten hätte durchsetzen und noch in die historische Überlieferung hätte hineinwirken müssen. Es könnte sich also im besten Falle auch nur um eine kleine Hilfshypothese handeln, die als solche denn auch bisweilen ernst genommen worden ist. Man könnte sie zur Not bei den Wärmeeinlagen der Interglazialzeiten mitspielen lassen, und Hann hat mit einem Schiefenmaximum vor zehntausend Jahren noch eine Kleinigkeit wie das damalige weitere Vordringen der Haselnuß in Skandinavien in Verbindung setzen wollen.

Anders, wenn man auch hier wieder irgendeine mythische Riesensteigerung annehmen dürfte. Es ist nicht zu leugnen, daß auch sie nicht *ganz* in der Luft hinge. Mit einiger Überraschung ist nämlich seit längerer Zeit schon bemerkt worden, wie verschieden sich im Punkte Achsenschiefe die einzelnen Planeten unseres Systems zueinander verhalten. Der auch sonst uns angeblich so ähnliche Mars steht zwar fast genau so wie wir, bloß heute in einem Schiefenmaximum von rund fünfundzwanzig Grad gekippt. Der riesige Jupiter dagegen ragt verwunderlicherweise nahezu in voller Paradestellung aufrecht in seiner Bahn. Und umgekehrt wieder der ferne Uranus scheint so vollkommen umgekippt zu sein, daß er nicht mehr bloß schief steht, sondern bäuchlings platt in der Ebene seines Laufes liegt. Schwerlich, daß auch diese auffälligen Gegensätze auf einer Steigerung jener kleinen Verschiebungsperioden zwischen Bahnplan und Achse beruhen könnten. Ein geheimes Gesetz scheint sich hier auszusprechen, das in der persönlichen Bildungsgeschichte der einzelnen Planeten selbst gewaltet haben dürfte. Aber man könnte fragen, ob es nicht auch die Erde einst anders berührt habe? Wenn nun auch sie einmal grade gestanden hätte, wie der große Jupiter, und erst nachträglich schief geworden wäre? Es ist ein altes Rätsel, das die Köpfe immer wieder bewegt hat: warum überhaupt diese Schiefe?

Emerson und Theodor Arldt, der hochverdiente Geograph der geologischen Vergangenheit, haben in der Tat angenommen, daß wir einst jupiterhaft aufrecht ragten. In der mythischen Urperiode vor Entstehung der Lebewesen und wohl selbst der Meere soll es gewesen sein, wie ja Jupiter selber heute noch in einem sonnenhafteren Urstande zu verharren scheint. Und erst bei dem weiteren Erkaltungs- und Zusammenziehungsvorgang der Erdkruste, der in einer eigentümlich ungleichmäßigen (tetraedrischen) Richtung erfolgt sein soll, sei auch die Drehachse durch einseitige Verlagerung schief herübergezogen worden. Auf die Einzelheiten dieses geistreichen Gedankens braucht hier nicht eingegangen zu werden, da an sich diese Theorie unsere Eiszeitfrage gar nicht berührt. Denn wenn die Aufrechtlage wie die Schiefstellung ganz noch in die, wie ich mich ausdrückte, mythische Urzeit vor Beginn allen Lebens fallen, so können sie auch unsere permischen oder tertiären oder diluvialen Wärme- und Kälteverhältnisse nicht mehr beeinflußt haben. Und höchstens könnte man einen Augenblick fragen, ob nicht der Theorie zum Trotz solche Jupiterstände und vielleicht größeren Schiefen auch später noch wirklich hineingespielt haben? Selbst wenn man das Ungeheure zugäbe, daß die Achse noch bis zum Ausgang der Diluvialzeit Riesensprünge von Ganzgrade zu uranushafter Entgleisung gemacht hätte, kann ich doch nicht finden, daß man damit viel erklärte. Die beispiellosen Äquator- und Polargegensätze oder tollen Jahreszeitwidersprüche solcher ganz verkehrten Welt würden zweifellos auch das jüngere geologische Klima noch weidlich um und um gekrempelt haben, doch in bizarrer Eigenart, die nun wieder mit dem Wirklichkeitsbilde nichts zu tun hätte. Ganz durchgedacht hat übrigens diese wilden Folgen, soviel ich sehe, bisher noch keiner, so daß sie immerhin auch noch zur wohlwollenden Diskussion ständen.

Inzwischen bietet aber jene Emerson-Arldtsche Idee, soweit sie sonst vom Thema lenkt, doch noch *einen* schlechtweg bedeutsamen Punkt. Indem sie nämlich im mythischen Alter an der Drehachse rückt, läßt sie nicht eigentlich den ganzen Erdkörper schief sinken, sondern zerrt die Achse in ihm selbst seitwärts ab, – so daß der Pol ein Stück weit über die Erdkarte wandert. Lag der Nordpol bei ursprünglich jupiterhafter Gradstellung der Achse etwa nahe der heutigen Beringstraße in Asien, so läßt sie ihn erst mit der im Erdball sinkenden Achse an seine heutige Stelle oberhalb Grönlands rücken. Wobei natürlich mit den Polen auch der Äquator sich entsprechend verschoben haben müßte. Solange der Nordpol noch an der Beringstraße saß, muß auch dieser Äquator einen anderen Erdgürtel durchzogen haben, der vielleicht in jupiterhaften Tagen der Aufrechte unter dem Einfluß regelmäßiger großer Mond- und Sonnengezeiten eine besonders bedrohte Bruchzone der Erdrinde gewesen ist. Die spätere Bruchzone des großen Mittelmeers (Tethys), das in allen geologischen Epochen noch eine so merkwürdige Rolle gespielt hat, [5]hätte ungefähr noch der Richtung dieses Ur-Äquators entsprochen, dessen Umgegend immer empfindlicher als andere geblieben wäre.

Klein erscheint der Schachzug, den dieser Gedanke noch zu den andern fügt, und doch ist er von der größten Tragweite über das Ganze hinaus. Mit ihm erwächst – zunächst ganz allgemein und geologisch irgendeinmal – die Möglichkeit, daß der Pol als solcher (und mit ihm der Äquator) seine Lage *geändert* haben könnte im Verhältnis zu den Ländern der Erde! Im gleichen Augenblick aber erhellt sich wie mit einem Blitz das, was ich oben eine neue Fragestellung genannt habe.

Wir sind bei unserer ganzen Betrachtung bisher von einer festen Voraussetzung als der selbstverständlichen ausgegangen. »Eiszeit« bedeutete uns (wir hören wieder den alten Goethe sprechen) »eine Epoche großer Kälte«. Vom Pol zum Äquator ging ein gewaltiger Klimasturz, daß der Pol sich gleichsam ins Riesige vergrößerte, Eis bis zu uns drang. Umgekehrt in einer Wärmezeit wie im Tertiär floß eine heißere Welle vom fernen Äquator herauf, brachte Palmen zu uns und Magnolien bis an den Pol. Die Frage aber ging, wer dieses Plus oder Minus an Temperatur jedesmal geschaffen. Jetzt aber: wenn nun das Klima selbst nie anders gewesen wäre als heute? Die Pole nur wie heute kalt, der Äquator warm und dazwischen die gemäßigte Zone? Aber der Pol, der Äquator *beweglich*? Wenn der Pol, der heute Grönland und Franz-Joseph-Land vereiste, in der Diluvialzeit einfach näher bei uns gelegen hätte, Skandinavien in Binneneis begrabend wie Grönland, die Nordsee zur Eiswüste erstarrend gleich jener, in deren Grauen sich Nansen gewagt? Oder wenn sich im Tertiär der Äquator einfach selber ein Stück weit höher zu uns heraufbog? Mit seiner Wärme des Palmenlandes? Weil der Pol diesmal seine Schneefelder fern auf der Beringstraße oder noch weiter blinken ließ? Wie das Ei des Kolumbus erscheint plötzlich diese neue Lösung – Lösung durch eine veränderte, eine selber auf den Kopf gekehrte Fragestellung...

In der Arldtschen Theorie ist natürlich diese Folgerung selbst noch nicht gezogen. Grade seine Art der Polwanderung durch Schiefenverlagerung der Drehachse hält er ja nur in der fernen

Urzeit für möglich, während in den eigentlichen geologischen Epochen der Folge solche gigantische Zerrung, die die ganze Rotationsachse mitzog, viel zu umstürzlerisch gewesen wäre und sich in anders sichtbaren Spuren hätte eingraben müssen. Gleichwohl ist die ganze Logik bereits darin, und entsprechend war diese auch schon vor ihm in mehreren andern scharfen Köpfen unabhängig aufgetaucht, sobald auch sie irgendwie an das Achsenproblem gerührt hatten.

Klar tritt sie unter andern hervor bei Melchior Neumayr (1887). Neumayr ist in der Verwertung allerdings auch noch *sehr* vorsichtig. Es wird nur versuchsweise auch einmal so geprobt. Also z. B. die Permeiszeit: man könnte ihre Eisfelder in den Randländern des Indischen Ozeans erklären, wenn man am Ende den Südpol nahe zu Ceylon wandern ließe. Dann käme aber der Nordpol nach Mexiko, wozu doch dem umsichtigen Geologen die nahen Farnwälder, die sich in den nordamerikanischen Kohlenfeldern verewigt, nicht passen wollen. Hier ist bereits ein Wichtiges gefaßt: läßt man nämlich den einen Pol wandern, so muß immer auch der andere mit und die Sache muß stets doppelt passen; ob die Eiszeiten als Klimasturz stets »bipolar« waren, darüber herrscht noch Streit; wenn aber nur der wie heute vereiste Nordpol wandert, muß der Südpol, wo immer er dabei mit hinkommt, auch ein Eisfleck sein und umgekehrt. Für die Diluvialzeit ist Neumayr ganz zweifelnd. So nah zur Gegenwart scheint auch ihm ein solches Theater wie eine Polverschiebung doch allzu gewagt. Aber die warme Tertiärlandschaft bei uns und bis Grinnelland hat's ihm wirklich etwas angetan. Zunächst sieht es ja auch da aus, als sollte man unmöglich durchkommen. Allzuweites Verschieben des Pols schien auch hier nicht zulässig. Der alte Herr hatte aber bereits betont, die immergrünen Tertiärwälder schienen einen geschlossenen Ring um die heutige Pollage zu bilden, in der keine Lücke zum Hinausschieben sei. Und der englische Geolog Houghton hatte das in das hübsche Bonmot gefaßt: diese alten Wälder hielten den Pol wie eine Rotte Dachshunde eine Ratte zum Nichtentkommen eingekreist. Neumayr glaubte aber doch den Finger auf eine verdächtige Stelle legen zu können, und zwar kam er dabei auch ungefähr auf Nordasien, gegen das der Pol im Meridian von Ferro um etwa 10 Grad damals verschoben gewesen sei. Dann lag keiner der entscheidenden arktischen Pflanzenfunde nördlicher als bis zum 73. Grad, was allerdings immer noch 3 Grad mehr blieb, als heute auch vom letzten Kümmerwalde zu unserm Pol erreicht wird. In Alaska und Japan aber sollte die Pflanzenwelt wirklich einen nordischeren Anstrich gezeigt haben als sonst so weit herab im Ring, was also zu der damals hier polnäheren Lage paßte. Der letztere Gedanke ist nachher von Nathorst besonders ausgebaut worden, der mit seinem Wanderpol aber noch um 10 Grad weiter nach Ostasien hineinging. Die Einzelheiten der ganzen Konstruktion aber haben immer wieder der Kritik seither mit Für und Wider unterlegen ohne Abschluß. Eine gewisse Spitzfindigkeit hat sich nicht herausbringen lassen. Europa kam inzwischen bei Neumayrs Deutung um 8-10 Grad weiter vom Pol ab als heute, was seine Palmeninvasion immerhin dem Verständnis etwas näher rückte.

Was den vielgenannten Wiener Geologen aber nun am entschiedensten anzog, war auch ihm die Frage: wie solche Polverschiebung in solcher immer noch verhältnismäßig späten Zeit ursächlich zu denken sei und ob sie zu denken sei? Ab sah er für sein Teil wohl unzweideutig von einer wirklichen Schiefenänderung der Drehachse im Sinne Emerson-Arldt. Wenigstens erwähnt er mit keinem Wort deren besondere tolle Jahreszeiten- und Zonenfolgen im Spiel. Dafür aber stützt er sich auf theoretische Gedankengänge des berühmten Mailänder Astronomen Schiaparelli und praktisch ganz besonders auf etwas, womit nun in der Tat hier noch einmal ein zweites und engeres Kapitel beginnt. Wir müssen dazu noch einen Augenblick auch astronomisch ausholen.

Jener kastilische König im 13. Jahrhundert, der zu seinen Astronomen das geflügelte Wort sprach: wenn er vom Schöpfer befragt worden wäre, hätte er das himmlische System weniger verwickelt geschaffen, zielte auf die zum Teil überflüssigen Wirrnisse des ptolemäischen Weltbaues, aber im Grunde hatte er eine ewige Wahrheit erfaßt. Jener Ptolemäus ist gefallen, aber die Forschung hat immer neue Schraubereien, die uns Not machen, aufgedeckt. Und eine der verblüffendsten waren da vor ein paar Jahrzehnten (grade kurz ehe Neumayr schrieb) auf unserer unerschöpflichen Erdkugel die sogenannten *Polhöhenschwankungen*. Es kam zutage, daß diese unsere Erde nicht bloß im Präzessionszyklus immer wieder ihren Polarsternen fortlief und im besagten echten Schiefenzyklus gegen ihre Bahn anders eingestellt wurde, sondern auch noch sozusagen in sich selbst ständig höchst absonderlich wackelte. Anfang der 80er Jahre meldete die Berliner Sternwarte, die sich gleich allen andern eine Säule im Meere der Unruhe dünkte, zum erstenmal den befremdlichsten der Befunde an: daß bei ihr die Polhöhe sich bewege oder, mit andern Worten, die geographische Breite von Berlin um ein weniges mit ihr fortkrieche. Pulkowa, Gotha, Prag bestätigten als lauter ebenso wankend gewordene Säulen. Da die Geschichte immer noch zu Kühn erschien, wurde Markuse 1891 für ein Jahr nach Honolulu auf den Sandwichinseln, also an die möglichst antipodisch fernste Gegenecke der Nordhalbkugel, gesandt, um eine große Kontrollmessung zu Berlin vorzunehmen. Das Ergebnis war diesmal schlagend: der alte Heraklit hatte einmal wieder beschämend recht mit seiner Weisheit, daß alles fließt. Die eigentümliche Zitterbewegung umfaßte tatsächlich die ganze Erde. Es schwankt gewissermaßen dabei die reale Erdmasse an ihrer idealen Drehachse. Die Drehachse behält ihre Richtung auf den gleichen Stern bei, astronomisch wird also eigentlich nichts verändert. Aber irdisch zittert doch immer wieder ein anderes Stückchen Erdkarte über den Drehpol, und damit verschiebt sich natürlich die Gesamtlage aller Erdenorte zu diesem Pol entsprechend mit, – die ganze Erdkarte wackelt. Die genauere Messung ergibt allerdings, daß das Zittern nicht nur ein ganz geringes ist, sondern daß es auch insofern zunächst ein richtiges »Zittern« bleibt, als in den paar Beobachtungsjahren seither immer wieder nur kurze Bewegungskurven ineinander zurückgelaufen sind. Die äußersten Abstände betrugen dabei noch keine zwanzig Meter. In solchem Spielraum kreiselt also einstweilen für unsere Kenntnis, wenn man's noch einmal so ausdrücken soll, die Erdkarte über dem wahren Pol mit ihrer Spitze hin und her, ohne sich doch im ganzen – wenigstens gegenwärtig – für eine dauernde und einseitige Bewegung vom Pol fort zu entscheiden.

Man hat sich natürlich sofort den Kopf zerbrochen, woher diese offenbar nicht neue, sondern nur neu entdeckte Zitterei kommen könne, und findet die Ursache meist in gewissen periodischen Mehr- oder Wenigerbelastungen der Kugelseiten durch Luftdruckverschiebungen, wie sie unsere Barometer schon andeuten, und ähnlichem. Die Hauptträgheitsachse der Erde und die Umdrehungsachse schlagen dadurch eben auch periodisch ein klein wenig gegeneinander aus. Immerhin zeigen sich aber doch auch schon in der kurzen Beobachtungszeit der paar Jahrzehnte mancherlei unerklärte Besonderheiten dabei. Und jedenfalls konnte nicht ausbleiben, daß schon früh auch hier *eine* Frage gestellt wurde, die jetzt abermals in unser Problem trifft.

Diesmal änderte sich die Drehachse als solche nicht, verschob also auch nicht ihre Schiefe im Erdkörper. Aber die Erdkugel als solche lief etwas über die Achse hin und her. Heute bloß hin und her auf ein paar Meter. Aber wenn auch das nun in alten Erdentagen auch einmal oder öfter zu einem wirklichen Darüberfortlaufen in bestimmter Richtung geworden wäre? Auf Grund irgendwelcher größeren geologischen Ursachen? Man sieht auf den ersten Blick, daß auch das zu einer Art von »Polwanderung« führen müßte! Zum Himmel blieb zwar der Pol diesmal gleich. Aber irdisch, im Sinne der Erdkarte, zogen immer andere Länder oder Meere über ihn hinweg, so weit und lange jene große Abbiegung sich dehnte. Auch auf diesem Wege konnte das heutige Polarland vom Pol fortwandern und das Gebiet etwa der Beringstraße seine Stelle einnehmen. Da die Vereisung stets an den Drehpol anschloß, lag dann scheinbar der Eispol auf dieser Beringstraße, wie oben, während (alle Breiten schwanken ja mit, wenn die höchste über den Pol gleitet) wir in Europa gleichzeitig weit dem warmen Äquator zugedreht lagen. Oder umgekehrt: wir konnten mit dem Zuge der beweglichen Karte dem Pol zu gondeln, unter sein Eis gezogen werden, während die Beringstraße jetzt unten in das Klima der milden Südsee tauchte. Ausgeschaltet aber war bei diesem Lauf der Karte über den Pol alles, was früher beim wirklichen Lauf des Pols über die Karte infolge Absinkens des Achsenwinkels an verwegenen klimatischen Sonderzutaten sich hätte einstellen müssen. Es gab jetzt tatsächlich *nur* Äquatorwärme und Polareis wie heute auch über alle Geologie fort, aber eben: es gab sie an immer wieder *andern* Orten der Erde, und das täuschte uns Eiszeiten und Tertiärparadiese vor....

Kein Zweifel, daß für unsern Neumayr *diese* Art der Theorie seinerzeit schon als die einzig diskutable erschienen ist, falls auch in späteren geologischen Perioden wirklich noch Polverlagerung mitgespielt haben sollte. In Einzelheiten, wie man sich auch das jetzt denken sollte, ist er indessen, schwankend wie er zu letzterem Punkt eben doch schließlich blieb, nicht eingegangen. Mit um so größerem Nachdruck aber sollten hier jetzt wesentlich gleichzeitig mit Arldts Darlegungen mehrere unabhängige Gedankengänge innerhalb des großen geistigen Kampfes um die Eiszeit einsetzen. Ich greife davon eine zu etwas genauerer Betrachtung heraus, die sich besonders rasch durch ein glückliches Leitwort auch in weiteren Kreisen Eingang zu schaffen gewußt hat und schon deshalb klare Kennzeichnung an dieser Stelle fordert: – die sogenannte *Pendulationstheorie.*

Im Jahr 1901 erschien in dem 27. Jahresbericht des Vereins für Erdkunde zu Dresden eine kleine Abhandlung des Dresdener Ingenieurs Paul Reibisch über ein neues »Gestaltungsprinzip der Erde«. Es handelte sich nur um ein paar Seiten, aber mit reichem Inhalt.

Der Verfasser geht zunächst ohne jeden Bezug zu Eiszeit und Klimafragen von der einfachen Tatsache der Verschiebung von Wasser und Land auf der Erde aus. Die Tatsache ist eigentlich der Anreger aller Geologie gewesen, wie sie schon vorher die Sintflutsagen beherrscht hat. Kein Zweifel, daß in den geologischen Epochen der Vergangenheit sich vielfältig an Stelle heutigen Landes Ozean gebreitet hat und umgekehrt. In neuerer Zeit haben verdiente Forscher das aber in richtigen geologischen Karten festgelegt, die den Unterschied für bestimmte ältere Zeiten ziemlich übersehen lassen. Indem Reibisch solche Karten für Europa in der Jura- und Kreidezeit betrachtet, scheint sich ihm nun ein Gedanke aufzudrängen.

Das Europa der Jurazeit erscheint ihm wie hineingeschoben in einen größeren Wasserberg. Seine Niederungen sind überschwemmt, nur die heutigen Erhebungen ragen als Inselarchipel vor. Auf der Karte der späteren Kreidezeit ist es dann, als beginne umgekehrt das Land sich aus einem etwas flacher werdenden Meer herauszuschieben. Wobei es in beiden Fällen viel weniger nach einem gewaltsamen neuen Empordrängeln des Landes selbst aussieht, als wirklich einem einfachen Eintauchen und Wiederauftauchen in voller Breite. Ganz ähnliche Sachlagen aber scheinen sich auch heute noch in gewissen Gebieten der Erde abzuspielen. So scheinen in der südlichen Hälfte des Stillen Ozeans jenseits des Äquators die zahllosen polynesischen Inseln immer noch tiefer in die Wassermasse hineingepreßt zu werden; Darwin hat bekanntlich seine ganze berühmte Korallentheorie darauf begründet, daß die Korallentiere ständig höher bauen müßten, weil ihre Küsten immer tiefer ins Wasser schnitten. Umgekehrt in der Nordhälfte dieses Stillen Ozeans arbeitet sich ebenso ersichtlich das Land seit Jahrhunderten aus den abflauenden Fluten heraus. Da die Wassermenge des Weltmeers als solche wohl unveränderlich ist, fragt sich, was für ein geheimes Gesetz hier walten könnte, das seit alters bald Wasserberge vor Ländern staut, bald diese Länder wie ragende Schiffe aus den verflachten Wassern führt, vorausgesetzt immer, daß die Dinge wesentlich am Wasserstande liegen.

Dieses Gesetz würden aber nach Reibisch jetzt sehr gut jene Bewegungen der Länder und Meere über den Pol, geologisch und heute noch fortwirkend gedacht, geben können. Nehmen wir an, die kleinen Polhöhenschwankungen haben wirklich noch eine solche große Steigerung hinter sich. Der Pol wahrt seine Stellung zum Himmel, die Achse ihre gewohnte Schiefe; aber über den Fleck des Pols zieht immer neuer Boden. Dann muß noch eine Erscheinung in Kraft treten, die wir bisher nicht beachtet haben. Am Pol ist infolge der Zentrifugalkraft die Erde bekanntlich abgeplattet, am Äquator vorgeschwollen. Land wie Meer haben sich ursprünglich darauf eingestellt. Wenn aber jetzt neue Länder und Meere über den Pol oder auch den Äquator rücken, so wird ein gewisser Konflikt unvermeidlich. Das bewegliche Wasser wird sich zwar sogleich neu nach der Zentrifugalkraft ordnen, am Pol flach auseinandergehen, auf dem Äquator einen dicken Wulst bilden. Das Land aber wird zunächst nicht so rasch nachkommen können. Auf sehr lange Dauer würde es sich ja wohl ebenfalls einigermaßen plastisch erweisen. Ich will dabei erwähnen, daß nach guten englischen Berechnungen zuletzt sogar eine solide Eisenkugel von Erdgröße sich durch innerste Verschiebungen abplatten müßte, und Schiaparelli wollte Polverschiebungen überhaupt nur bei einer im ganzen irgendwie plastischen Erde zugestehen.

Aber zunächst wird ein Gegensatz bleiben, und er wird sich darin äußern, daß sich das noch nicht abgeplattete Land gegen den Pol zu aus den schon wieder abgeflachten Wassern höher heraushebt, während es umgekehrt gegen den Äquator in den Wasserwulst eintauchen muß. Sogleich erscheinen uns jene Bilder wieder: der Südteil des Stillen Ozeans geht offenbar heute äquatorwärts und ersäuft entsprechend sein Land, – der Nordteil aber wandert zum Pol und entläßt deshalb seine Feste aus sich. Europa auf jenen Karten aber verfolgen wir bei einer alten Doppelwanderung: im Jura lag es offenbar stark äquatorwärts eingetaucht, in der letzten Kreide dagegen hatte es Richtung gewechselt und stieg polwärts heraus. Wenn wir heute das antipodische Südseegebiet zum Pol rücken sehen, so werden wir sogar vermuten, daß wir jetzt erneut auf der Tauchfahrt nach Süden begriffen sind.

Eben daran aber wird für Reibisch noch eine interessante Wahrscheinlichkeit hell. Dieses periodische Auf- und Abpendeln ein und desselben Erdteils mit seinen Küsten herauf und herunter im Laufe schon von ein paar geologischen Zeitaltern scheint darauf zu deuten, daß die ganze Wanderbewegung über den Pol keine unbegrenzte Drehung ist, sondern selber ein bestimmtes Hin- und Herpendeln in nicht allzulangen Ausschlägen darstellt. Die Länder und Meere, die jetzt in bestimmter Richtung über den Pol drängen, machen nach gewissem Zeitraum wieder kehrt und drängen zurück. So ist Europa seit der Jurazeit einmal ganz herausgegangen und bereits wieder umgekehrt. Wenn es dereinst abermals kurswechselt, so wird auch drüben der Stille Ozean seine Richtung umdrehen. Diese Pendelausschläge der Karte zeigen aber nur, was die Erde im ganzen macht. Auch sie beschreibt eine Pendelbewegung zu ihrer Drehachse, als würde sie außer ihrer regelmäßigen und raschen Tagesdrehung noch von einer dämonischen Macht zwischen zwei Fingern gehalten und langsam ein Stück über die Pole vor- und zurückgedreht. Man kann sich die Sache leicht an einem kleinen Globus vormachen, den man im Äquator mit einer Nadel durchsticht und schwingen läßt. Wenn Europa dabei grade auf dem größten Schwingungskreise laufen soll, so muß der eine Schwingpol ungefähr auf Ekuador in Südamerika und der andere auf der Insel Sumatra liegen, und mit diesem Bilde hat man tatsächlich den Kern der ganzen seither so vielbesagten »Pendulationstheorie« erfaßt. Der Rest sind bei Reibisch nur einfache Folgerungen, darunter allerdings eine jetzt noch für uns entscheidend wichtige.

Wenn die Pendulation schon durch die ganze Geologie heraufkommt, so muß der Schwingungskreis über Europa (etwa der zehnte Grad östlich von Greenwich, der Deutschland schneidet und sich fern über den Pol zur Beringstraße und dem Stillen Ozean verlängert) seinen Ländern am meisten Abenteuer gebracht haben, denn hier ging's zwischen Äquator und Pol immerzu auf und ab. Die konservativsten Ecken dagegen müssen die Schwingpole selbst gewesen sein. Während dort die Fortentwicklung des Lebens blühte, haben sich hier noch altertümliche Tiertypen bis heute lebend erhalten, wie der uralte Molukkenkrebs (Limulus) und der vom Mitteltertiär an unveränderte Tapir. [6]Hier muß ewiges Tropenparadies geblüht haben. Indem diese Klimafrage berührt wird, rührt aber auch Reibisch unvermeidlich an die Eiszeit selbst. Europa auf seinen Pendelfahrten erlebte nicht nur Wasser- und Landabenteuer, sondern notgedrungen auch klimatische. Es ist wichtig, daß die Pendulation bei Reibisch nicht erfunden wird, bloß um diese Klimadinge zu erklären, desto glatter aber scheinen sie sich ihr zunächst einzufügen.

Solange Europa äquatorwärts gependelt war, mußte es auch Tropenhitze haben. Unsere alten Saurier haben sich wohl darin gesonnt. Und auch als mit Spätkreide und Frühtertiär die abflauenden Wasser beginnende Polumkehr verrieten, ging es zunächst durch warme Zonen zurück. Daß dabei aber auch Spitzbergen, Grönland und Grinnelland grünen Wald trugen, ist ebenso selbstverständlich, lagen sie doch damals vom Pol fort noch lange über die gemäßigte Zone hinausgependelt, während im Zeichen des wahren Pols erst die Gegend hinter der Beringstraße stehen mochte. Und spielend wird hierbei etwas mitgelöst, das uns bisher fast in allen Eiszeittheorien so verzweifeltes Kopfzerbrechen gemacht: die Lichtfrage. Wenn etwa der Boden Spitzbergens damals wie auf einer ungeheuren Drehbühne an die Stelle des heutigen Südeuropa geschoben war, so *hatte* er eben keine lange Polarnacht und konnte unbehindert seine Magnolien und Zypressen tragen, wie die heutigen Hügel von Bologna. Man wird das Glück der Theorie an dieser Stelle nicht unterschätzen! Nun aber, als die Bühne zurückdrehte und auch da noch weiter drehte als heute, kam Skandinavien genau so folgerichtig in Polareis und die »Eiszeit« brachte alle ihre Schrecken zu uns, – nicht weil's wirklich kälter auf der Erde geworden war, sondern bloß einfach, weil wir jetzt näher auf den ewig vereisten Drehpol selbst hinaufgependelt waren. Damals dräute *uns* die Polarnacht, und die Moschusochsen Grönlands fanden bei uns die baumlose Moossteppe der arktischen Öde. Zwei Forderungen hatten nach Reibisch in allen Eiszeittheorien von je eine Hauptrolle gespielt: ein Klima, wie es viel nordischeren Breiten entspräche – und eine gesteigerte Erhebung des Landes über den Meeresspiegel. Beides bietet die Pendulationstheorie, indem sie wirklich in die hohen Breiten zaubert und zugleich das ungebrochene Land immer steiler aus dem abgeplatteten Meer herausrücken läßt.

Der Rest der Abhandlung dient im letzteren Punkt dann noch einigen vorsorgenden Beschränkungen zur Abwehr allzu leichter Einwürfe. Wirkliche Hebungen und Senkungen auch des Erdbodens selbst aus inneren pressenden oder eruptiven Gründen müssen natürlich das allgemeine Bild im einzelnen stets durchkreuzt und verschoben haben, auch ist das wandelnde Festland, wie gesagt, nicht unbedingt unnachgiebig. Die erlahmende Zentrifugalkraft bei zum Pol rückenden Landmassen und Seeböden wird die Tragfähigkeit der Oberfläche entspannen und Einbrüche begünstigen. So ist das nördliche Eismeerbecken ein solcher junger Einbruch, der dann für sein Teil wieder durch Seitendruck heute noch Spitzbergen und Skandinavien hebt in scheinbarem Widerspruch zu ihrer doch jetzt schon wieder äquatorialen Pendulation. Diese örtlichen Schwankungen müssen eben stets von dem großen »Gestaltungsprinzip« in Abzug gebracht werden, wenn die Sache richtig stimmen soll. Geschickt, wie das alles gruppiert ist, übt es eine glänzende Wirkung aus.

Erst 1905 und 1907 ließ Reibisch dieser gehaltvollen ersten Mitteilung noch zwei weitere kurze Abhandlungen am gleichen Ort folgen, mit denen einstweilen seine Arbeit zur Sache abschloß. Die zweite Studie verfolgt weiter jenes Verhalten des Landes bei polarer und äquatorialer Pendulation mit ihrem Einfluß auf Gebirgsfaltung, Erdbeben, Spalten- und Karstbildung, – während die dritte noch einmal der Eiszeit im besonderen gewidmet ist. Grade vor dieser »Eiszeit« werden wir jetzt aber in die Schwierigkeiten auch dieser Theorie eingeführt. So verblüffend diesmal alles zu klappen schien, hatte sich doch schon bei der ersten Behandlung ein Widerspruch gezeigt, auf den jetzt noch einmal genauer eingegangen wird.

Nach dem gangbaren Tatsachenbilde lag in der Diluvialzeit gleichzeitig zu Europa auch Nordamerika unter ungeheurem Eis. Dieses Eis reichte dort von Labrador bis gegen Alaska und bedeckte die Vereinigten Staaten bis an den Zusammenfluß des Ohio und Mississippi, 15 Millionen Quadratkilometer Land unter sich begrabend. Wenn aber Europa damals sein Eis erhielt, weil es näher zum Pol gependelt war, – wie konnte Nordamerika vereist sein, das doch dann schon wieder weit über den Pol hinaus gependelt sein mußte? Reibisch versucht indessen noch einmal zu parieren. Zunächst schränkt er das räumliche Maß von Europas Nordpendeln selber stark ein. Nur dreieinhalb Grad mehr seien dazu nötig gewesen, also so viel, daß Berlin heute etwa auf die Breite Südschwedens rückte. Dann hätte die riesige gleichzeitige Landerhöhung, die unter anderem die Nordsee in ein steiles Hochplateau mit den Shetlandinseln als Gebirgsstock verwandelte, reichlich zum Binneneisstrom gelangt, der auf Europa floß. Tatsächlich aber sei die nordamerikanische Vergletscherung überhaupt nicht mit unserer zusammengefallen! Sie sei eben älter! Amerikanische Geologen nähmen in ihr drei zeitlich einander folgende Stufen an, die sich räumlich von West nach Ost ablösten, als habe die Kälte zuerst das westliche Felsengebirge angehaucht, dann die Mitte neben der Hudsonsbai und endlich Labrador. Das entspreche aber genau dem langsamen Vorbeiziehen Nordamerikas am Pol schon zu Zeiten, da Europa mit seiner Pendulation noch weit südlich zurück war. Auch das klingt zunächst gut, wenn schon das »Hineinsehen« auf der Karte nicht jedem so ganz leicht werden wird. Was man aber zwischen den Zeilen verstehen muß, ist, daß das nordamerikanische Eis dann gar nicht im Diluvium gewesen wäre, sondern *noch im Tertiär*! Als bei uns noch die Affen und Giraffen des Tropenwaldes hausten, begannen drüben schon die Gletscher über Alaska aufzublinken, das als erstes auf der großen Nordfahrt die Nähe des Pols erreicht hatte und zu spüren bekam. Und während wir erst langsam die halbtropische und gemäßigte Zone durchwanderten, floß dort das Binneneis des nahe passierten Pols, bereits alles erkältend und die öde Moostundra vor sich her breitend, bis zum Mississippi.

Man sieht auf den ersten Blick, was für eine Umwälzung aller unserer geologischen Begriffe bisher das bedeutete. Auch in Nordamerika bedingte der vorrückende Eisrand eine völlige Umgestaltung der Tierwelt, die unserer diluvialen in Europa entsprach. Jetzt müßten diese amerikanischen Eiszeittiere (also wollhaarige Mammute, Moschusochsen u.dgl.) alle auch schon tief im Tertiär gelebt haben. In diesem Tertiär belebten aber für unsere geltende Anschauung bisher unendliche Scharen *nicht* eiszeitlicher Säugetiere aller Art die grünen Steppen und Wälder drüben. Riesige Knochenlager, wie sie kaum wieder auf Erden so vorkommen, geben uns von ihrem beispiellosen Reichtum ein überwältigendes Bild. Schichtenweise folgten sie sich, lösten einander ab, wie man stets glaubte, im Verlauf des Tertiärs. Dort war es, wo sich jene wunderbaren Stammbäume (z.B. der des Pferdes) fast lückenlos haben zurückverfolgen lassen. Auch das müßte jetzt alles umdatiert werden, man weiß nur nicht recht, wohin man damit zurückgehen soll. Soll man für die älteren Geschlechter bis in die Drachentage der Kreide hinunter, während doch keine Spur der alten Riesendrachen selbst sich mehr zwischen die völlig andersartigen Knochenfunde mischt? Das alles aber nicht aus eigenen Gründen, sondern nur um der Pendulation willen! Gewiß: jene Vermutung ist merkwürdig, daß die »Eiszeit« sich in Nordamerika stufenweise von West nach Ost bewegt habe, vorausgesetzt, daß sie richtig ist, worüber, genau gesagt, doch auch noch Streit besteht. Man würde die Sache unter die mancherlei bisher rätselhaften Einzelsonderheiten des großen Eiszeiträtsels verbuchen müssen, und ich gebe Reibisch durchaus recht, daß sie nach einer räumlichen Kältewanderung aussieht, die anders lief als die nordsüdliche in Europa. Niemals aber würde sie bloß aus sich auf die grundumstürzende Vermutung führen, daß das ganze nordamerikanische Diluvium tiefes Tertiär gewesen sei, wie es die Konsequenz der Pendulation hier fordert.

Kühne Gedanken jedenfalls! Unwillkürlich senkt man einen Augenblick das Blatt und schaut im Sinn nach der andern Eiszeit hinüber, – jener fernen der Permzeit. Wenn Europa damals auch polwärts gependelt war, worauf seine Eisspuren deuten könnten und wie es auch Reibisch annimmt, so konnte wohl unmöglich gleichzeitig Südafrika vergletschert sein. Und es müßte auch hier das einheitliche Bild erst unserer gangbaren Geologie zum Trotz auseinandergerissen werden, – wie denn Reibisch wirklich diese südafrikanische Vereisung vom Perm fort bis in die Jura- und Kreidezeit rücken möchte; wozu doch auch hier die anschließenden altertümlichen Farne und Reptile wieder nicht passen. Die Vergletscherung Indiens mit ihren so auffälligen Spuren muß aber überhaupt höchst problematisch erscheinen wegen der unmittelbaren Nähe zu dem einen der ewig tropisch, ewig polfern gedachten Schwingpole der Theorie auf Sumatra. Andererseits kann man aber diese indische Gletscherschrift doch nicht einfach der Theorie wegen streichen. Und man wird jedenfalls begreifen, daß von seiten der Geologen auch der geistvollen Pendulationsidee noch reichlich Fehde angesagt werden mußte. Und wird bei aller Anerkennung ihres genialen Gedankenblitzes nicht übersehen, daß auch sie noch nicht so sehr alle Eiszeittatsachen *erklärt*, als sie erst für sich wesentlich umgruppieren muß.

Inzwischen war der Lehre aber ein begeisterter Prophet erstanden in dem Leipziger Zoologieprofessor Heinrich Simroth, der ihr 1907 ein eigenes umfangreiches Werk (»Die Pendulationstheorie«) widmete. Simroth erweitert zunächst die schlichten geologischen Schlüsse Reibischs in einer für sich geistreichen, wenn auch, wie mir scheinen will, nicht immer glücklichen Weise, spielt aber dann die Hauptsache auf das Gebiet der Tierkunde und allgemeinen Entwicklungslehre über. Das uns bekannte Leben begann nach ihm einst in den Tropen. Es breitete sich zunächst also im ganzen Tropengürtel aus. Dann entführte aber die einsetzende Pendulation einzelne Arten mit ihrem Boden polwärts. Ein Teil ging im Kampf mit dem neuen Zonenklima ein, andere bogen wieder seitwärts aus, ein gewisser Stamm aber fand grade so die Anregung zu lebhafter Neuanpassung und Fortentwicklung. Der entschiedenste Schauplatz war dabei der meistbewegte Schwingungskreis, der über Afrika, Europa und den Stillen Ozean ging. Im Engeren blieb doch noch wieder das kleine Europa mit seinem reichen Wasser- und Landwechsel dem starren Block Afrika wie dem reinen Südseewasser über, – Europa ist, wie später die Hochburg der Kultur, so bereits seit Urtagen für Simroth das vorbestimmte Land aller Entwicklung gewesen, wobei die polaren Pendulationen besonders stark empor gesteigert zu haben scheinen, während die äquatorialen mehr in die Breite üppigen und abenteuerlichen Formen- und Größenspiels führten; man ahnt, daß im polaren Wege der Mensch entstanden sei, während auf äquatorialem die grotesken Riesensaurier lagen. Auch dieser Gedankenflug, dem Simroth den ganzen Schmuck seiner reichen Kenntnis und Phantasie verliehen, hat unverkennbar Verlockendes. Sicher bewährt, würde er nicht nur die Entwicklungslehre überraschend fördern, sondern auch der Pendulation eine große Hilfe sein. Aber diese Pendulation steht und fällt nicht mit ihm, und wir können die neue große Fachfehde der Zoologen und Botaniker, die sich unabhängig nun wieder daran geknüpft, hier ruhig als von unserm eigentlichen Thema zu weit fortführend auf sich beruhen lassen. Wesentlich sind dagegen noch ein paar Ideen Simroths zur Pendulation selbst.

Die einzelnen Schwingungsausschläge verteilt er genau auf unsere bekannten Epochen der Erdgeschichte. Im Altertum des Erdlebens (Paläozoikum) sollen wir polar gependelt sein, im Mittelalter (Mesozoikum) äquatorial, im Tertiär wieder polar, und heute soll's, wie gesagt, abermals äquatorial gehen. Nun waren aber diese Weltalter ganz ungeheuerlich an Länge verschieden: das älteste endlos gegen das mittelste, dieses mittlere aber wieder riesenlang zum Tertiär. Die Pendulationen, wenn sie sich dort deckten, müßten also in Wahrheit auch nicht regelmäßig, sondern ganz verschieden, einst langsamer und nachher immer schneller erfolgt sein. Das aber bringt auf die Frage, was überhaupt zur Pendulation geführt haben könnte, und hier hat Simroth nun einen ganz kühnen Einfall gehabt. Die Pendulation sollte auf einem uralten Stoß beruhen, den die Erde erhalten.

In einer der stets höchst witzigen und anregenden, wenn auch stofflich heute öfter veralteten Geschichten Jules Vernes kommt ein zweiter Mond der Erde vor. Mondfahrer, die in einem hohlen Projektil aus einer riesigen Kanone geschossen sind, werden von ihm aus der Richtung gelenkt. Jules Verne mit seinem Geschick des überall Herumstöberns stützte sich dabei auf eine halb vergessene und wissenschaftlich nicht durchgedrungene Rechnung eines französischen Physikers, der aus Mondstörungen wirklich auf das Dasein eines wegen Winzigkeit bisher unbeobachteten zweiten Erdmöndchens geschlossen hatte. Solches Möndchen sollte nach Simroth nun in Urtagen gar auf die Erde heruntergestürzt sein und in die damals noch dünne Kruste den Block eingeschlagen haben, der nachmals Afrika bildete. Ganz neu war auch diese Idee nicht, wie ich denn vor mindestens 30 Jahren schon einmal gelesen habe, Australien sei von einem Kometen abgesetzt worden. Jetzt bei diesem Stoß Simroths sei aber nicht nur überhaupt die Erde erst schief gestellt worden, sondern es schwankten seitdem auch ihre Achsen in der Weise gegeneinander, wie es die Pendulation ungefähr voraussetzt. Die Sache ist in Simroths Buch etwas reichlich unklar ausgedrückt, und Theodor Arldt hat sie in der Folge einer, wie man wohl sagen darf, vernichtenden physikalischen Kritik unterzogen. Das Nachzittern eines solchen Stoßes über hundert und mehr Millionen Jahre fort bei ganz unfaßbar langsamen Anfangsausschlägen hat ja für das erste Nachdenken schon etwas Bängliches. Arldt zeigt aber, daß er nur die Erdbahn, Erdschiefe und tägliche Erddrehung hätte ändern, im übrigen aber präzessionsartige Gesamtschwankungen auslösen können, die mit Pendulation nichts gemein haben. Vorausgesetzt, daß ein sich nähernder Mond sich nicht überhaupt nach den vom jüngern Darwin entwickelten Gesetzen in Spiralwindungen bewegt und längst vorher in einen Meteoritenring aufgelöst hätte; und ganz abgesehen von den ungeheuren Schmelzwirkungen einer solchen Stoßkatastrophe. Simroth hat denn auch später selbst seiner kleinen Julesverniade eine etwas andere Wendung gegeben und bis zu seinem leider während des Kriegs erfolgten Tode einer magnetischen Hilfstheorie gehuldigt. Nachdem die Erde als kleiner Magnet durch einen Stoß verschoben war, sollte die Sonne als großer Magnet wieder in parallele Lage zu bringen bestrebt sein, was sich in der Pendulation äußere. Wird man bei der ganzen Pendulation schon bisweilen an des alten Adhémar Sintflutgemälde mit seinen Schwerpunktverlegungen erinnert, so wirkt es an dieser Stelle erheiternd genug, daß eben bei Adhémar gelegentlich auch bereits eine solche kosmische Magnetphantasie vorkommt: 1799 habe einer die Erde pendeln lassen, weil die Kometen ihren Magnetkern hin und her zögen. Reibisch selbst hat seine Ansicht von den wirkenden Ursachen der Pendulation übrigens bisher nicht veröffentlicht, und alles in allem wird man der ursprünglichen Theorie wohl nur nützen, wenn man die Stoßgeschichte wieder möglichst von ihr fortdenkt.

Unterdessen war aber längst noch wieder etwas Neues in die lehrreiche Debatte geraten. Arldt in jener kritischen Studie betonte, es gäbe immerhin noch eine vage Stoßmöglichkeit: wenn nämlich die Erde nicht einheitlich gebaut wäre, sondern mit ihrer Rinde gegen den Kern verschoben werden könnte. Dann könnte ein ganz flacher Stoß die Rinde vielleicht ein Stückchen weit über den ruhig weiter drehenden Kern geschoben haben, und indem Ausgleichsspannungen sie wieder zurückzögen, möchte wenigstens einmal etwas Pendulationsartiges entstehen. Er selbst maß auch dem keine große Wahrscheinlichkeit bei, aber man konnte vom Stoß absehen und doch in der Rindenverschiebung an sich etwas Fesselndes finden.

Dem Leser, dem vielleicht schon die Pendulation selbst etwas zu viel war, mag ja vollends hier grauеln: nun sollen ihm nicht bloß die Achsen wackeln, sondern gar die ganze Erde sozusagen in Fleisch und Bein zu zwei Stücken zerbrechen, die übereinander klappern wie in einer japanischen Vexierkugel. Die Grundlage der Geschichte ist indessen wieder weit weniger toll, als es ausschaut.

Es kommt nämlich zunächst nur darauf an, wie man sich das Innere der Erde vorstellt, und darüber gibt es bekanntlich mehrere gut zu begründende Ansichten. Eine ziemlich gangbare nimmt allerdings nach unten zu eine geschlossene Folge aller Übergänge von Fest durch Flüssig zu Gasförmig ohne jede Trennungsfläche an, und an solcher Kugel, die praktisch als strenge Einheit zu gelten hätte, könnte sich nichts verschieben. Aber grade neueste Forscher von Ruf glauben auch wieder an einen festen Metall-(Eisen-)kern, auf dem eine oberflächliche Steinkruste liegt, die vielleicht in 1500 Kilometern Tiefe scharf abgesetzt und in der Sohle selber plastisch wäre. Unsere allerneuesten Rechnungen über Leitung der Erdbebenwellen im Erdinnern sprechen recht stark hierfür, und damit ginge es schon. Wie es aber oft mit der »Duplizität« von Entdeckungen ist, daß zwei zu gleicher Zeit auf gleiches kommen, so war fast zugleich (unbedeutend später) mit Reibischs erstem Heft ein schmuckes Buch erschienen, das wirklich die ganze Sache von hier aufzurollen versuchte. »Die Äquatorfrage in der Geologie«, von P. Damian Kreichgauer S. V. D., Lehrer der Mineralogie und Geologie in St. Gabriel bei Mödling in Niederösterreich, gewidmet dem hochwürdigen Herrn Generalsuperior usw. Das Werk stammt, wie man sieht, diesmal aus streng katholischem Kreise, befleißigt sich aber nach dem Vorbilde des bekannten vortrefflichen Vatikanastronomen Pater Secchi in allen kosmogonischen Fragen einer durchaus achtenswerten wissenschaftlichen Unbefangenheit.

Auch der Pater Kreichgauer, der an Kant-Laplace keinen Anstoß nimmt und geologisch überall im Bilde ist, geht gleich unserm kosmischen Ingenieur Reibisch davon aus, daß die Drehachse selber sich nicht geändert hat, wohl aber immer wieder andere Länder und Meere Drehpole und Äquator überkrochen haben. Das aber konstruiert er jetzt ernstlich so, daß der Erdkern seine Drehung behält, dagegen die Rinde auf ihm rutscht. Der Erdkern ist ihm flüssiges Eisen, da Druck die Metalle verflüssige. Darauf schwimmt die Rinde, unten nachgiebig und an ihren Spalten verschiebbar wie eine lose verbackene Eisschollenschicht. Sie in Bewegung zu setzen, bedarf's keiner Mondstöße, sondern nur der eigenen Schubkraft, wie sie durch ungleiche Belastung, Faltenwurf und zentrifugale Zerrung immer wieder erzeugt wird. Dann aber legt sie weite Strecken zurück mit allem, was auf ihr ist, – »Waldung, sie schwankt heran, Felsen, sie lasten dran«, wie es im »Faust« heißt. Und dem Pater entgeht nicht, daß auch so vermeintliche »Eiszeiten« entstehen müßten, wenn die treibende Bank andere Landschaften über die kalten Drehpole führt. Wobei er gewissenhaft verzeichnet, daß schon ein anderer vor ihm, der Jesuitenpater Kolberg, an solchen Rindenzug zur Erklärung gedacht habe, während ihn selbst doch die Pole weniger interessieren als der alte Äquator. Durch was für wechselnde Gegenden sich dieser Äquator in den Erdaltern gespannt, sucht er noch an den verklungenen Gebirgen abzulesen, die immer eine äquatoriale Falte geliebt, oder aus den Bändern roten Sandsteins, die, in der Wärme gebildet, heute noch uralte Gleicherzonen zu künden scheinen.

Da aber offenbart sich ihm nun vor seiner reisenden Schollendrift der Jahrmillionen keine auf und ab wippende Pendulation, sondern er meint, die ganze Rinde sei um und um getrieben, bis das Gebiet des alten Nordpols regelrecht zu dem des Südpols geworden, also für den äußeren Anblick die ganze Erdkarte sich auf den Kopf gestellt habe. Ich mußte, als ich's las, an verträumte Stunden mit August Strindberg denken, der bekanntlich ab und zu in paradoxer Naturgeschichte dilettierte: wie er mir einmal begreiflich zu machen suchte, der Mond drehe sich langsam von Pol zu Pol. In der Vision des Paters Kreichgauer erschien das leibhaftig für unsere ungeheure Erde, die zwischen Vor-Kambrium und Diluvium ihre Pole vertauschte. Manches in den verschiedenen Pollagen, das der Pendulation Kopfzerbrechen macht, gibt sich so in der Tat noch anschaulicher. In mehrerem ist aber doch auch wieder merkwürdig, wie der Pater unbewußt in Schritte lenkt, die auch der Ingenieur getan. Auch bei ihm schiebt sich die Rinde in ganz ähnlichem Hauptkreis über die Pole, von zwei Tropenstellen aus gedreht, die unmittelbar an Reibischs Schwingungspole erinnern, – bloß daß er seine Schollen freier treiben und ausbiegen lassen kann, als in Reibischs starrem System möglich wäre. Und die diluviale Eiszeit muß entsprechend auch er zeitlich zerstückeln, bis ihre nordamerikanischen Akte sich schon durch das ganze Tertiär ziehen. Hier aber war es nun wieder Simroth, der allen Ernstes eine nachträgliche Kombination aus Rindenrundfahrt und Pendulation selber versucht hat. In einem Nachtrag zu seinem Pendulationsbande meint er, auch die Pendulation könne schließlich ganz gut als eine reine Rindenbewegung, wenn schon eine bloß pendelnde, gedeutet werden, unter der unbeschadet der metallene Erdkern seine alte Drehung bewahrte, womit immerhin eine Brücke gegeben war, auch diese Pendulation irgendwie in Kreichgauers Sinn auf rein irdische Ursachen ohne kosmischen Roman zurückzuführen.

Simroth hat an der gleichen Stelle aber noch eine interessante Anlehnung gesucht.

Bei unserem geologiebeflissenen Pater ist, wie gesagt, seine Krustenbewegung im einzelnen viel willkürlicher: so läßt er sie z.B. im Tertiär und Diluvium nördlich eine richtige Kurve beschreiben, die den Eispol wirklich abbiegend über das arktische Amerika und rund um Grönland führt. Da möchte man fast fragen, ob nicht einzelne Krustenschollen hier gesondert herumgesteuert sein könnten. Auf diesem Gebiet ist aber nichts so paradox, daß es nicht auch einmal ernstlich verfochten werden sollte. Wenn nun ganze Erdteile sich geologisch von der Stelle bewegten, hin und her schwämmen, zerbrächen und in den Stücken voneinander abtrieben? Man braucht bloß an die Gebirgsfalten zu denken, um sich zu sagen, was für unheimliche Beweglichkeit jedem »Festlande« schon an sich innewohnt. Jede Falte muß soundso viel vorher flach gebreitetes Land zu sich herauf gestaut haben. Wieviel Ebene mag zusammengerückt sein, den ungeheuren Himalaja zu bilden, – die wieder herauskäme, wenn man seine Falten zurückglätten könnte. Man sieht schon auf dem Wege die einzelnen Länder geologisch vor- und zurückkriechen, wie ein Polyp seine Hangarme breitet und sich dann wieder zum Klumpen ballt. Aber das gliedert sich vielleicht nur in ein noch viel größeres Bild.

Wem ist auf der Karte nicht einmal aufgefallen, daß Grönland wie ein an einem Spalt abgerücktes Stück Nordamerika aussieht? Oder Südamerika, als sei es mit der Schere aus Westafrika herausgeschnitten? Die ganze Ostküste des Atlantischen Ozeans scheint sich auf der andern Seite gradezu fortzusetzen: Afrikas große Tafel in dem Tafellande Südamerikas, die Bruchzone unseres Mittelmeers in der mittelamerikanischen, Europas Ebenen in den Prärien, Skandinaviens Berge in den Bergen Grönlands. Alle neuere Geologie hat hier an versunkenes Zwischenland gedacht. Eine nordische und eine südliche Atlantis, die einmal untergegangen, während die Pfeiler hüben und drüben stehen blieben. Aber der Boden des Atlantischen wie aller Ozeane scheint nicht so einfach bloß auf versunkenes Festland zu weisen. Schweremessungen deuten eine andersartige, schwerere Gesteinsmasse da unten an. Es ist, als sei eine tiefere Schicht der Erdrinde hier überall angeschlagen. Die Erdteile scheinen sie voneinanderrückend einfach freigegeben zu haben wie den Grund einer ungeheuren gähnenden Spalte. Aber sie geht offenbar ganz in der Tiefe auch unter diesen Erdteilen selbst weiter. Im Meeresgründe oberflächlich vernarbt, ist sie da drunten plastisch-flüssig. Aus ihr quillt angeschlagen die heißflüssige Lava.

Die Erdteile aber, kolossale Brocken viel leichteren Gesteins, wurzeln in diesem Tiefenfluß. Sie hängen darin lose im Gleichgewicht wie riesige Eisberge im Meer.

Dazu aber muß man sich nun noch einmal eine gewisse Theorie der Erdrinde überhaupt machen. Nife, Sima und Sal kommen in Betracht. Die Worte klingen ja zunächst wie aus der Mythologie der Edda. In Wahrheit hat sie unser größter zeitgenössischer Geolog, Sueß, zum eigensten praktischen Gebrauch geschaffen. Den Erdkern soll uns wieder eine Eisenkugel bilden, – sagen wir nach der Natur der Meteorsteine, die zum Teil vielleicht Trümmer solcher anderen Weltkörperkerne sind, aus Nickeleisen. Nickel mit Ferrum, d. i. Eisen, gibt abgekürzt Nife. Auf diesem Nifegrund erst ruhe die Rinde. Aber diese Rinde besteht zunächst selber wieder aus einer unteren schweren Schicht, in der Tiefe zähflüssig. Das ist jene, die unter den Meeresböden hergeht und in der die Erdteile stecken. Silizium (Kieselstoff) und Magnesium mögen sie wesentlich zusammensetzen, – daher Sima. Ursprünglich schwamm auf ihr einheitlich die oberste Decke, im Verhältnis zu dem schweren Fluß darunter schaumig leicht, etwa wie Eis oder Bimsstein. Silizium mit Aluminium als Hauptbestandteil, – daher Sal. Aber diese Sal-Decke zerriß früh schon in lose Brocken: das sind unsere Kontinente. Wo sie, durch Faltung gekürzt, sich trennten, Raum ließen, da bildete das vernarbte Sima die Ozeanböden. Die Festländer selbst aber hängen als Sal-Trümmer noch mit den Sockeln schwebend eingetaucht im flüssigen Tiefensima. Warum sollen sie nicht gelegentlich noch bis heute auf ihm sich auch bewegen, fortschwimmen, abtreiben können? So noch in gar nicht ferner Zeit erst Amerika von Europa-Afrika fort und Grönland wirklich von Amerika. Angeblich sollen sich sogar kleine jährliche Beträge herausrechnen lassen, um die dieses Auseinanderrücken gegenwärtig noch andauert.

Es sind Gedankengänge, die Alfred Wegener in Marburg so oder ähnlich gegeben hat (1912 in »Petermanns Mitteilungen«). Das »Prinzip der horizontalen Beweglichkeit der Kontinente« nennt er's. ihm selber erscheint's paradox, aber doch denkenswert. Natürlich gibt es mancherlei nahe Einwände dagegen, von denen er selbst einen hervorhebt: warum nicht jede Verschiebung der Erdteile heißflüssiges Tiefensima entblöße, das, ehe es selber zu Ozeanboden erstarrt, die entsetzlichsten Lavakatastrophen erzeugte. Er meint, unterseeische Lavaergüsse pflegten sanft zu verlaufen, in stärkeren Fällen der Urwelt aber habe wohl wirklich hier auch wilderer Vulkanismus angeknüpft, – wohl keine schlagende Erklärung. Aber vergegenwärtigen mag man sich auf jeden Fall, was auch das noch wieder in das Eiszeitproblem tatsächlich hineintragen würde. Schon jene einfache Faltenraffung könnte Länder heute weit vom Pol fortgezerrt haben, die einst ausgebreitet unter seinen Eiswirkungen lagen. Oder ganze Erdteile könnten mit der Eisschrift auf dem Buckel in die weite geschwommen sein, endlose Meere fürder zwischen sich und den Pol setzend. Denken wir uns so doch noch einmal in die Wunder der Permeiszeit zurück! Teile von Südamerika, Kapland, Indien, Australien hätten einst einen engverwachsenen Landblock gebildet, der damals dicht unter dem Südpol wurzelte und dessen Eisschrift empfing. Später aber wäre er gänzlich voneinander geschaukelt wie ein berstender wirklicher Eisberg, – ein Stück wäre bis ans heutige Südamerika geschwommen, eins in Australiens gegenwärtige Lage, eins wäre von Afrika zu sich gerafft und eins gar durch die kolossale Landeinziehung bei Gelegenheit der Himalajafaltung bis in die Breite des heutigen Indiens geholt worden. Überall an diesen fernen Stellen aber läsen wir vom mitgebrachten Gestein noch die Schrift des Eispols. Ich sage nicht, daß es ohne weiteres so war, aber verstehen könnte man, daß es auch so einmal hätte werden *können*. Penck selber, der große Kenner der südlichen Eiszeiten, hat der örtlichen Schollenverschiebung im Indischen Ozean den Rang einer brauchbaren Arbeitshypothese zuerkannt. Und so meinte denn auch Simroth, wenigstens die indischen Gletscherspuren, die ihm so gar nicht in seine Pendulation passen wollten, mit solcher Wegenerschen Zerrung aus dem Hauptspiel herausdrängeln zu können.

Wir aber mögen hier wieder die Grenze sehen, wo für unsern Zweck auch diese Theorien ungefähr abgeschritten sind. Man beherrscht die neue Fragestellung, merkt aber, wie auch sie noch nicht ohne weiteres löst, sondern ein Heer neuer Vermutungen herauszaubern muß, die alle ihr Glück, aber auch alle ihre Bedenken haben. Hinter den Pendulationen des Erdkolosses erscheint nach wie vor das Pendeln der Gedanken, hinter der sich drehenden Kruste und den schwimmenden Erdteilen das Schwimmen und Drehen vermeintlicher und echter Beweisstücke. Gern aber, wie beim Kampf um den wirklichen Nord- oder Südpol, folgt man den tapfern Männern, die, jeder in seiner Art, sich durch den Wust der Widersprüche gekämpft.

So reich und unterhaltend diese Theorien wieder sind: man fühlt doch, daß der Gedanke sich auch vor ihnen noch einmal auf die Wanderschaft begeben konnte. Allerdings jetzt mit immer mehr verengtem Kreis. Man kann die letzten kosmisch-astronomischen Ideen, die an dem Pol hingen, auch noch über Bord werfen und bleibt dann ganz bei der Erde, wie sie heute schwebt, wandelt und sich dreht. In allen Zeiten ihrer Geschichte, wenigstens soweit Leben und Eiszeiten in Frage kommen, läßt man sie so schweben, wandeln und sich drehen, genau wie heute. Und fragt bloß, ob nun *irdisch-geologische Gründe* auf ihr selbst zu Eiszeiten geführt haben könnten. Auch von Theorien gilt ja manchmal das alte: »Bleibe im Lande und nähre dich redlich.« Lyell, von dem ich vorhin sprach, hat seinerzeit mit höchstem Erfolg gelehrt, man solle auch bei den scheinbar wunderbarsten Begebnissen der Vergangenheit naturgeschichtlich möglichst eine schlicht dem heutigen entsprechende Ursache voraussetzen, ehe man durch alle Himmel und zu weltumstürzenden Wandlungen schweife, heute noch begibt sich bei uns mancherlei, das doch im kleinen mächtig. Der Tropfen höhlt den Stein, in Jahrtausenden verwittert der Fels, versandet eine Bucht, hebt sich leise die Küste; auf geologische Zeiträume erstreckt, kann das aber auch Ungeheures vielleicht erklären, vor dem man zuerst fassungslos stand. Ob nun mit solchen einfach irdischen Mitteln auch die ganze Eiszeit zu packen wäre…?

Schon bei jenen kühnsten kosmischen Deutungen sahen wir gelegentlich einzelne Hilfserklärungen gleichsam kleine Anleihen hier herüber machen. Das kosmisch bedingte diluviale Eis sollte immerhin verstärkt worden sein durch Ausbleiben warmer Strömungen. Oder die Gebirge Skandinaviens sollten höher geragt und so bessere Ausgangspunkte weitreichender Vereisung geboten haben. Das Eis, einmal gegeben, sollte selber das Wetter verschlechtert haben, das nun fortzeugend wie der Fluch der bösen Tat neues Eis aus sich gebären mußte, wenn aber diese Hilfen *allein* schon gelangt hätten?

Hier ist zunächst ein Kreis ganz »zahmer« Theorien entsprungen. Sie versteifen sich besonders auf jene besagten paar Grad Kälte mehr, die es zu dem ganzen Diluvialeis bloß gebraucht hätte. Ob man diese lumpigen sechs Grad oder noch nicht einmal soviel nicht tatsächlich im Sinne Lyells aus einer ganz kleinen örtlichen Änderung gegen heute erzielen könnte?

Wenn man eine Karte unserer gegenwärtigen Meeresströmungen zur Hand nimmt, so gewahrt man im oberen Teil des Atlantischen Ozeans ein wunderbares System sich gegenseitig bekämpfender Warm- und Kaltwasserleitungen. Die großen tropischen Äquatorialströmungen, nach dem Erdgesetz der Passatwinde westlich gedrängt, stauen sich an den Antillen und in dem Mexikosack vor der mittelamerikanischen Landbrücke und ergießen ihre abgelenkten Heizwasser als wärmenden Golfstrom hoch hinaus bis gegen die Westküsten Nordeuropas. Umgekehrt strömt es eisig kalt im Labradorstrom aus der Davisstraße und an Ostgrönland vorbei gegen Nordamerika zu. Heute überwiegt in dieser seltsamen Kanalisation, die den freien Ozean noch einmal wie mit ungeheuren Nutzadern von besonderer Temperatur durchsetzt, für uns die wärmere Leitung. Aber man braucht nicht die Pole zu verlegen und die ganze Erde hin- und herpendeln zu lassen, wenn man sieht, daß schon ganz geringe Landverschiebungen, wie sie jede Geologie annimmt, an diesem natürlichen Heizsystem gründlich rütteln könnten. Wenn die Landenge von Panama aufbräche, stürzten jene tropischen Äquatorialfluten in den Stillen Ozean ab und der ganze Golfstrom hörte aus zu bestehen. In der älteren Tertiärzeit hat solches Tor fern da unten wirklich einmal bestanden, während es freilich im Diluvium selbst längst verrammelt war. Aber bis in dieses Diluvium hinein ragte wohl noch eine mehr oder minder schmale Landbrücke, die Europa von Schottland über die Färöer und Island an Grönland schloß. Auch dann muß der Golfstrom seinen Hauptberuf verfehlt haben, er konnte mit seinen Ausläufern nicht nach Norwegen durch, – umgekehrt aber würde ein Teil der eisigen Grönlandwasser sich hinter jener Atlantisbrücke sehr zu unsern Ungunsten gestaut haben. Erfolg mußte sein, daß an die skandinavischen Küsten immer wachsendes Polareis trieb, bis sich die Gebirge dort, ins Mark erkältet, mit Gletschern bedeckten wie Grönland selbst.

Wenn man aber zugleich wieder an die nicht auszusagenden Schuttmengen denkt, die dieses Skandinavien ebenso wie unsere Alpen während der Diluvialzeit selber ausgestreut und also verloren hat, so wird man abermals auch ohne Pendulationstheorie denken müssen, daß die Gebirgskämme dort anfangs überall noch ein Stück höher gelegen haben, gekrönt von dem festen Stein, der nachmals als zerbrochene Schuttflut ihren Flanken entrann. Für Skandinavien ist auch immer wieder erwogen worden, ob es nicht eben durch die beispiellose Last von über zwei Kilometern Eisdicke selbst erst gleichsam tiefer untergetaucht, also im Ganzen gesenkt worden sei. Auf jeden Fall muß aber diese höhere Lage ihrerseits zunächst die »Vergrönlandung« unterstützt haben. War aber einmal ein skandinavisches Grönland geschaffen, so mußte das wieder die bedeutsamsten Folgen für ganz Europa haben.

Das wirkliche Grönland bricht heute gegen die unabsehbar offene See mit ihrer geheimen Warmwasserheizung ab. Vor dem skandinavischen Grönland lag dagegen schutzlos das übrige Europa, in dessen Ebenen das Eis wie an einer schrägen Rutschfläche weithin einsinken konnte. Über dem wachsenden Eisfeld aber mußten sich bestimmte meteorologische, die auflagernde Luft und ihre Schichtung und Bewegung betreffende Verhältnisse geltend machen. Das Inlandeis mußte eine kolossale Abkühlung der Luft über sich schaffen, die sich im Sommer wie Winter als eine dauernde »Antizyklone«, wie der Meteorolog das nennt (Gebiet mit hohem Lustdruck im Innern), äußerte. Die tauenden Winde wurden abgehalten, die ganze Luftdruck- und Luftströmungslage Europas gegen heute auf den Kopf gestellt, – alles aber so, daß (der Gedanke tauchte bereits bei Croll auf) der Eiszustand sich selber tatsächlich immer neu regeln und weitererzeugen mußte. Gleichzeitig erhöhten die verlagerten schwachen Luftdruckzonen im südlicheren Europa die Niederschläge, es gab Regenzeiten und auf den Gebirgen auch dort mehr Schnee und anwachsende Vergletscherung, wie sie die riesigen Moränen (Schuttreste) der diluvialen Alpengletscher noch jetzt so anschaulich vor Augen stellen.

Ich fasse auch hier wieder verschiedene Einzeltheorien in ein möglichst einheitliches Bild zusammen. Im engeren findet man die Golfstromidee u. a. bei dem kenntnisreichen Kölner Astronomen Hermann J. Klein entwickelt, dessen Wetterwarte aus dem Dach der »Kölnischen Zeitung« mir persönlich noch zu den lebhaftesten Jugenderinnerungen gehört und dem man mit atemloser Spannung einst bei seinen wunderbaren Nachrichten von Veränderungen auf dem scheinbar grabesstarren Monde folgte. Während die meteorologischen und sonstigen Folgerungen am klarsten von Geinitz, zweifellos einem der allerbesten Kenner unserer europäischen Eiszeitspuren, neuerdings auch zusammengefaßt von M. Semper gegeben worden sind. Nach allem Gesagten wird der Leser aber die Achillesferse auch dieses »bescheidenen« Gedankengangs herausfühlen. Es stimmt alles verblüffend einfach, wenn man eben bloß bei Europa bleibt. Nordamerika fordert schon eine eigene unabhängige »Lokaltheorie«. Alles weitere aber wird überhaupt nicht erklärt. Nicht die äquatorialen Pluvialzeiten, nicht die Meyersche Mehrvergletscherung am Kilimandscharo und in Ekuador, nicht die Bipolarität. Das Rätsel der tertiären Wärme, die Lichtfrage werden gar nicht angeschnitten, die permische Eiszeit müßte wieder auf einem neuen Lokalzufall von damals beruhen. Nicht einmal die wärmeren Interglazialzeiten finden eine Stelle, wie denn charakteristischerweise grade Seinitz auch bis heute ihr hartnäckigster Leugner geblieben ist. So sieht man, falls nicht noch überraschende neue Einfälle hinzukommen sollten, die »Bescheidenheit« zur »Armut« werden.

In gewissem Sinne wird es allerdings immer von Wert sein, diese reine Lokaldeutung bis in ihre letzten Möglichkeiten durchzudenken, denn sie wird stets eine Hilfstheorie »nebenher« sein. Wir sahen das schon bei Croll und sonst, aber es wird auf jede Erklärung, sei sie, wie sie sei, zutreffen. Auch wenn die Eiszeiten im ganzen eine noch so besondere Ursache für sich hatten, müssen doch örtliche geographische Ursachen, müssen engere, in der meteorologischen Lage begründete Dinge hineingewirkt haben. Man denke an das Bild irgendeiner kleineren Naturkatastrophe, etwa einer Überschwemmung, von heute. Ihr eigentlicher Anlaß mag in höheren Gewalten liegen: ihre örtliche Bahn wird sich doch nach gegebenen Flußnetzen richten, wird sich stauen vor einem in den Weg gestellten Gebirge, wird schlimmer oder leichter werden, je nach der Unterstützung oder Hemmung durch den Fleck, wo sie spielt. Der **genius loci** gleichsam, wie man im Altertum sagte, der Geist des Orts, wird seine Hand dabei haben. Ob eine warme Meeresströmung noch obenein fehlte, als es im Norden kälter wurde, oder ob zu einer im ganzen wärmeren Zeit auch noch (wie im zerstückelten Europa älterer Erdalter) ein ausgesprochen milderes Inselklima trat, das kann *nie* ganz belanglos gewesen sein und so auch nicht eine Forschung, die hierauf Gewicht legt. Gleichwohl versteht man, wie es locken mußte, auch rein irdisch und im Sinne Lyells doch noch wieder eine *universalere* Theorie aufzustellen, die auch reicheren Ansprüchen genügte. Der Charakterkopf, der hier auftaucht, gehörte zu den führenden Geistern neuzeitlicher Naturforschung. Sein entscheidender Gedanke aber reicht mit einer Vorgeschichte wieder über ein ganzes Jahrhundert zurück.

Jede Wissenschaft hat gelegentlich ihr Märchen, das sich vorübergehend in sie einschmuggelt. Wir sind bei unserem eigenen Stoff ja wohl schon durch mehrere Beispiele gegangen. Ein solches Märchen war aber in der neueren Geologie die ungeheure Kohlensäuremenge der Steinkohlenzeit. Man sah die mächtigen Kohlenflöze, durch Pflanzen zu Stein gebunden. All der Kohlenstoff mußte doch einmal in der Luft gewesen sein, aus der ihn die Wälder von damals erst langsam herausgefressen hatten. So kam die Legende von einer dicken Urwolke von Kohlensäure, die anfangs um die Erde gelagert habe, bis Pflanzenarbeit die Luft so weit reinigte, daß höhere Wesen atmen konnten. Das wilde Bild wurde gewohnheitsmäßig mit einer dauernden Bodenheizung und einer dieser Wärme verdankten Wasserdampfwolke verknüpft, auch sie so dick, daß die Sonne nur als rötlicher Fleck darin stand und im ewigen Dämmer bloß lichtscheues Tiervolk, Molche, Termiten und Kakerlaken ihr Wesen treiben konnten. In all diesen Ausschmückungen handelte es sich aber tatsächlich um ein Märchen, und es schien leicht, das zu beweisen. Neumayr hat in den 80er Jahren von geologischem Ideenschutt gesprochen, der da wieder abgeräumt werden müsse. Das Unhaltbare der Bodenheizung haben wir schon besprochen. In dem kellerartig überdicken Dampfdämmer hätte kein Farnblatt grünen können. Und speziell die Kohlensäureschwängerung müßte in diesem phantastischen Umfang alle Kalkschichten der Meere von damals chemisch aufgelöst und die Tierschöpfung von vornherein unmöglich gemacht haben. Steinkohle aber konnte sich auch ohne das bilden. Noch heute ziehen Pflanzenleichen, Gesteinsverwitterung und organische Kalkbildung beständig eine Menge Kohlensäure aus der Luft, im gleichen Prozentverhältnis ersetzt sie sich indessen wieder aus den natürlichen Gasausströmungen, die jeden vulkanischen Ausbruch begleiten, abgesehen von geringeren Quellen. Warum soll dieser einfache Wechsellauf nicht von je bestanden haben? Das Märchen schien für immer eingesargt, und doch sollte in ihm, wie so oft, noch eine sehr merkwürdige Anregung stecken.

Allgemein lenkte es ja den Blick auf etwas, das wir bei all unsern Eiszeitbetrachtungen bisher noch nicht erwogen haben, obwohl es geologisch auch stets mitgespielt haben muß: – nämlich die chemische Zusammensetzung unserer irdischen Lufthülle. Es ist rund jetzt hundert Jahre her, daß der Physiker Fourier über diese Lufthülle eine überraschende Lehre aufstellte. Pouillet und Tyndall haben sie nachher vervollkommnet. Ihr Sinn aber betraf ein Wärmeverhältnis. All unsere Erdwärme erhalten wir von der Sonne. Wie wir sie indessen *behalten*, dazu spielt diese Lufthülle entscheidend mit. Sie wirkt nämlich wie die Scheibe eines Treibhauses. Gleich solcher läßt sie das helle wärmende Sonnenlicht, das von oben einfällt, die »helle Wärme« gleichsam, unbehindert bis zu ihrem Erdengrunde durchströmen; wenn aber von der erwärmten Erde nun die »dunkle Wärme« wieder zurückströmen möchte, so wehrt sie dem Flüchtling den Paß, ganz genau wie die schützende Treibhausscheibe einer inneren Ofenheizung. Seltsam nun aber: diese Glasrolle der Luft, so unendlich segensreich für uns, hing selber wieder an ihrer chemischen Zusammenmischung. Zwei verhältnismäßig geringe Bestandteile in ihr stellten sie erst im engeren her: nämlich eben der in ihr schwebende Wasserdampf und die Kohlensäure.

Unwillkürlich denkt man dabei doch noch einmal an das Märchen zurück. Gab es damals wirklich einen auch nur um weniges dickeren Kohlensäure- und Wasserdampfgehalt in der Luft, so hätte man die zweifelhafte Bodenheizung entbehren können. Das verdickte Glasfenster hielt dann allein schon so viel Sonnenwärme mehr zurück, daß die Erde sich darunter wie in einem Treibhause erhitzen mußte. Dabei hätte aber der Wasserdampf (den man ja überhaupt nicht *zu* dick machen durfte) schon als ein Ergebnis dieser Wärme selbst gelten können, und man käme auf die Kohlensäure als den Grundheizer. Mehr Kohlensäure damals, mehr Wärme...

Es war im Jahre 1895 zu Pavia de Marchi, der hier die Frage aufwarf, ob in dem abgetanen Märchen nicht doch noch ein Kerngehalt gesteckt haben könnte. In der Erdgeschichte wechselten wärmere mit kälteren Perioden. Wenn das nun bei völlig gleichbleibender astronomischer Erdstellung und Sonne doch irgendwie auf eine solche »Fensterfrage« unserer Erde gegenüber der Sonne hinausgelaufen wäre? Mit andern Worten: ob sich nicht die Durchlässigkeit unserer Atmosphäre für Wärme periodisch im geologischen Lauf geändert haben könnte? De Marchi selbst ließ dabei offen, was der eigentliche Regulator gewesen sein sollte. Hier aber zog jetzt ein viel Bedeutenderer die Folgerung: Svante Arrhenius erklärte bereits im nächsten Jahr (1896) in einer Abhandlung des englischen Philosophischen Magazins die Kohlensäure unmittelbar für den geologischen Proteus, dessen Verwandlungen den ganzen Klimawechsel der Vergangenheit von den ältesten Tagen an bedingt hätten.

Svante Arrhenius, nicht zu verwechseln mit dem gleichnamigen schwedischen Botaniker von Ruf, ist geboren am 19. Februar 1859 zu Wijk bei Upsala, hat aber in seinem Bildungsgang eine vollgültige deutsche Schulung für sein Spezialfach, die Elektrochemie, genossen. Er wirkt heute auf der Höhe seiner Kraft an der Universität Stockholm. In reifen Jahren noch zu immer umfassenderen Fragen der Weltphysik vorgeschritten, hat er bis in weiteste Kreise Aufsehen gemacht durch seinen großzügigen Versuch, den Kant-Laplaceschen Gedanken durch ein vertiefteres »Werden der Welten« zu ersetzen. Über den wunderbaren Druck, den, entgegengesetzt zur Schwere, der Lichtstrahl selber ausübt und durch den sich der Stoff in die fernsten Abgründe des Raumes vertreibt; über die Unsterblichkeit des Lebens in diesem Raum; über die ewige Selbstwiedererweckung des Alls gegenüber dem arbeitlähmenden Weltentod durch Wärmeausgleichung (Entropie) und wieviel anderes mehr hat er, auch vom Gegner bewundert, eine funkelnde Fülle genialer Gedanken ausgestreut. Man durfte auf jeden Fall eine große Anregung erwarten, als grade dieser reiche Geist sich auch an die Eiszeitfrage zu rühren vermaß.

Das Märchen klingt auch bei Arrhenius nur eben an. Im Uranfang hat es wohl wirklich noch etwas mehr Kohlensäure gegeben, die dann langsam erst abgebaut wurde, aber hier liegt nicht das Entscheidende. Von gewisser früher Zeit an hat das Wechselverhältnis von Kohlensäureverbrauch und Kohlensäureersatz jedenfalls auch geologisch bereits gewaltet, ohne daß mehr da war, als auch die Tiere vertragen konnten. Gleichwohl ist der Ausgleich noch gewissen Schwankungen in den geologischen Epochen unterlegen gewesen. Zuzeiten war etwas mehr erzeugt worden, als gleich verbraucht werden konnte, zu andern hatte die Nachfrage die Produktion übertroffen. Je nachdem aber hatte sich das atmosphärische Treibhausfenster mehr geschlossen oder aufgetan. Erfolg: die Gesamttemperatur der sonnenbestrahlten Erdoberfläche war dort etwas herauf-, hier etwas heruntergegangen. Dort wärmere Zeit (z.B. Tertiär), hier kühlere (Perm oder Diluvium). Unzweideutig: man stand vor einer neuen Eiszeittheorie. Einer rein irdischen ohne jede astronomische Zutat. Aber einer ebenso unverkennbar universalen.

Svante Arrhenius, der Chemiker, überraschte dabei durch seine Einzelrechnungen. Keine Rede von den Überschwänglichkeiten des Märchens, und doch kleine Ziffern, die Räder der Weltgeschichte drehten. Nähme man alle Kohlensäure aus unserer Luft fort (sie beträgt bloß 0,03 Volumprozent darin), so würde die Temperatur der Erdoberfläche um etwa 21° sinken. Da infolge der so entstandenen größeren Kälte aber auch der freie Wasserdampf abnähme, der gleichen Wärmeschutz wie die Säure gewährt, käme die Erwärmung noch einmal um fast ebensoviel herunter. Man sieht auf den ersten Blick die ungeheure Abhängigkeit unserer wirklichen Sonnenheizung von dem Kohlensäurefenster. Soweit aber braucht man nicht entfernt zu gehen. Schon bei einer Teilsumme, die das organische Leben von sich aus noch keineswegs bedrohte, müßte ein Klimasturz von 5-6 °C eintreten, also genug für eine diluviale Eiszeit. Während umgekehrt ein gewisses Anwachsen tertiäre Wärme sicherte. Dort etwas schlechter geschlossenes Fenster, hier Ausnutzen des ganzen Scheibenschutzes. Die Folgen aber die bekannten riesigen:

dort europäisches Binneneis, hier Kokospalmen in Deutschland. Mit nur etwas Schiebung in jenen 0,03 Volumprozent. Daß aber an sich kleine Schiebungen möglich sind, beweist schon die gegenwärtige Tätigkeit unserer Industrie, die in den letzten hundert Jahren merkbar hineingearbeitet haben muß. »Der Kohlensäuregehalt der Luft ist so unbedeutend, daß die jährliche Kohlenverbrennung, die jetzt (1910) ungefähr 1100 Millionen Tonnen erreicht und rasch anwächst (sie betrug im Jahre 1860 140, 1890 510, 1894 550, 1899 690, 1904 890 und 1910 1100 Millionen Tonnen), der Atmosphäre etwa ein Sechshundertstel ihres Kohlensäuregehaltes zuführt. Obgleich das Meer durch die Absorption von Kohlensäure hierbei wie ein mächtiger Regulator wirkt, der ungefähr fünf Sechstel der produzierten Kohlensäure aufnimmt, so ist es doch ersichtlich, daß der so geringe Kohlensäuregehalt der Atmosphäre durch die Einwirkung der Industrie im Laufe von einigen Jahrhunderten merkbar verändert werden kann.« Daraus ergibt sich, daß keine Stete im Kohlensäuregehalt besteht, sondern auch geologische Ungleichheiten wahrscheinlich sind. Fragt sich bloß, wer sie dort im natürlichen Hergang bewirkt haben könnte. Darüber aber kann nach dem oben Gesagten wieder kein Zweifel sein. Die nachhelfende Quelle der natürlichen Kohlensäure sind immerzu die Vulkane der Erde gewesen, besonders in den sogenannten Mofetten (man denke an den vergiftenden Hauch der berühmten Hundsgrotte bei Neapel) und den Kohlensäuerlingen, die den großen Ausbrüchen noch lange und zäh nachfolgten. Hier waltet von je rastlos ein natürlicher Entgasungsvorgang der Innenerde selbst. Soll es also zeitweise zu einem Mehr gekommen sein, so muß ein *periodisch verstärkter Vulkanismus* als die Ursache gedacht werden.

Wir haben früher schon einmal gesehen, wie der Vulkanismus leise anpochte bei den Eiszeitdeutungen. Hier erscheint er selbst als der Wärme-, nicht als der Kältezauberer, indem er Kohlensäure einblies und damit der Erde zeitweise bessere Treibhausfenster einsetzte. Aber ein nächstliegender Gedanke zeigt, daß er wenigstens indirekt auch wieder Kälteperioden einleiten möchte, die den wärmeren folgen mußten. Der Vulkanismus ist, wenn auch nicht die eigentliche Ursache, so doch vielfach der Vorbote neuer Gebirgsbildungen auf Erden. Wo die Erdrinde sich zu neuen Bergfalten staut, da pflegen gewaltige Bodenverschiebungen voraufzugehen, an deren Bruchspalten die entlasteten Lavamassen der Tiefe aufbegehren. Neue Gebirgsbildung aber schafft für ihr Teil bald unendlichen Verwitterungsschutt, der im feuchten Klima umgekehrt jetzt reichlich Kohlensäure bindet. Im warmen Meer schreitet entsprechend die tierische und pflanzliche Kalkbildung mit ebensolcher Bindung rasch fort. Der Pflanzenwuchs aber nimmt einen ungeheuren Aufschwung, sich breitend in der feuchten Wärme und gemästet gradezu vom frisch erschlossenen Vulkan- und Verwitterungsboden wie von der vermehrten Luftkohlensäure selbst. Das alles versteinert gleichsam Säure, zieht sie wachsend wieder aus der Luft heraus, um sie erneut im Boden einzusargen. Aus dem eigenen Übermaß gräbt die Kohlensäurezeit sich selber ihr Grab. Läßt jetzt die vulkanische Quelle eine Weile nach, so öffnet sich das Fenster und ein allgemeines Sinken des Klimas wird unvermeidlich: Eiszeit. Bis abermals eine Periode von Vulkanismus das Spiel neu beginnt. So regelt eins das andere in ewigem geologischem Wechsel. Warme und kalte Kapitel müssen sich unablässig folgen in dem verhängnisvollen Lauf der Erdgeschichte, – Zeiten rot von Lava, mit neuen blauen Bergen, mit unendlichem Pflanzengrün des Urwaldes und ragenden Korallenriffen, – und Zeiten des erdteilweiten Binneneises, der erloschenen Krater, der zerbröckelten Bergruinen, der kargen Moossteppe am Gletscherfuß.

Was Arrhenius als Chemiker nicht so vermochte, das hat ein anderer, Geolog von Beruf und begeisterter Anhänger zugleich der Idee, in den wirklichen Verlauf der geologischen Entwicklung hier Stufe für Stufe hineinzuzeichnen versucht, – Fritz Frech in Breslau, der verdiente Mitbearbeiter jener umfassenden **Lethaea**, den jetzt leider der verheerende Weltkrieg mitten aus der Arbeit dahingerafft.

Zweimal mindestens, meint Frech, zeige sich jener ganze Kreislauf wirklich aufs anschaulichste geologisch entwickelt. Nachdem in den algonkisch-kambrischen Vortagen, wo wir zuerst von Eis hören, vielleicht schon einmal ein ganzer Zyklus abgelaufen, wachsen im Silur und Devon (also gegen die Steinkohlenzeit zu) die vulkanischen Ausbrüche, heute noch im Diabasgestein verewigt, wieder gewaltig an. Entsprechend steigert sich ständig das Klima: es steht offenbar andauernd unter dem Treibhausglas. Eine gleichmäßige Wärme umspannt die Erde, von allen Zonengegensätzen frei ist die Tierwelt im Meer (Korallenbauten gehen bis gegen den Pol), die farnhafte Pflanzenwelt zu Lande gedehnt. Die Pole selbst sind frostlos, der Äquator doch nicht überheizt, da der Wasserdampf in Wolken- und Nebelgestalt die allzu strenge Strahlung dort sänftigt; die allgemeine Klimabesserung kommt wesentlich den gemäßigten und kalten Zonen zugut. Gewiß steht der Kohlensäuregehalt auch so nicht bei den Märchenmaßen von 30 und mehr Prozent. Frech denkt an 8-9° Wärme mehr in der Nähe der Pole als vollauf genügend. Unter solchen guten Zeichen beginnt dann die Steinkohlenzeit selbst, in ihr aber schlagen die Dinge jetzt entscheidend um.

Einerseits nehmen die vulkanischen Ereignisse und damit die Zuschüsse aus dem großen Grundgasometer eine ganze Weile fast bis zum Erlöschen ab. Andrerseits ziehen Kohle- und Kalkbildung, vor allem aber die chemischen Verwitterungsvorgänge jetzt wirklich fortgesetzt und zunehmend ungeheure Kohlensäuremengen aus dem Luftbestande heraus. Durchaus im Sinne der Theorie setzt diesmal eine riesige Gebirgsbildung ein. »In der Mitte der Karbonzeit (Steinkohlenzeit) entstanden im mittleren und westlichen Europa ausgedehnte Hochgebirge, und der Aufwölbung folgte eine verhältnismäßig rasche Erniedrigung dieser mitteleuropäischen Alpen. Hand in Hand mit der Abtragung durch Wildbäche, Bergstürze und fließendes Wasser geht die chemische Umwandlung der massenhaft von den Höhen in die Niederungen verfrachteten Gesteine, deren Hauptbestandteil Kieselsäureverbindungen (Silikate) bildeten. Das feuchte Klima bedingt eine rasche Karbonatisierung (d.h. eine Verdrängung der Kieselsäure durch Kohlensäure) dieser kieselsauren Verbindungen und somit in Kombination mit Kalk- und Kohlenbildung einen Verbrauch an Kohlensäure, wie er wohl selten in der Erdgeschichte stattgefunden hat.« Dabei erstreckte sich die Gebirgsbildung nicht, wie die Worte glauben lassen könnten, bloß auf Europa: an jenes variskische Gebirge, das alpenhaft von den Sudeten bis Südfrankreich durch ganz Mitteleuropa zog, schloß sich im sogenannten armorikanischen eine Kette, die über eine Atlantis bis Nordamerika reichte, und so fort.

Folgerichtig aber sehen wir nun um die Wende zur Permzeit Kälte sich anmelden. Die permische Eiszeit erfolgt, – – genau am rechten Ziel. Die Kohlensäure ist hochgradig erschöpft, das Fenster klafft, die Wärme strömt, alles weithin erkältend, unbehindert ab. Bis endlich die Vulkanschlote neu zu arbeiten beginnen und von unten herauf abermals Gas blasen, unter dessen neuem Treibhausschutz sich jetzt die großen Scheusale der Drachenzeit im Mittelalter der Erdgeschichte wieder wohlig fühlen können wie die Krokodile hinter den Scheiben unserer geheizten Aquarienbecken. Bereits im Perm selbst (in der Epoche des sogenannten mittleren Rotliegenden) fanden auf der Nordhemisphäre gewaltige Neuausbrüche statt. Rieseneruptionen der Trias- und Juratage (neuerlich immer deutlicher geworden) vervollständigten dann besonders in Amerika das Werk. Jedenfalls blühte gegen den Jura zu wieder Paradies bis zum Pol. Der Ausgang dieser warmen Mittelepoche bleibt allerdings etwas undeutlich. In die Kreidezeit hinein machen sich Zonenunterschiede geltend, als ginge das Klima erneut rückwärts. Das Aussterben der Drachen mag damit zusammen hängen. Doch ehe es auch diesmal zu einer Eiszeit kommt (die Gebirgsbildung fehlt hier in der Kette), qualmen bereits wieder frische Massenausbrüche empor, wie die kolossalen Basalte des indischen Dekhan, die den Luftgehalt offenbar genügend angereichert haben. Und jetzt folgt im Tertiär der zweite ganz reine Beweiszyklus.

Im ältesten Abschnitt, dem Eozän, Tropenpracht bis zu uns, in Grinnelland Sumpfzypressen. Im zweiten, dem Oligozän, abermals etwas Abstieg. Da platzen die bekannten enormen Basaltergüsse des Mitteltertiärs los, und unverzüglich stellt sich im Miozän noch einmal ein Abglanz wenigstens des Paradieses her. Indessen nicht auf lange. Diesmal ist nämlich wirklich wieder eine ganz große Gebirgsbildung Hand in Hand, deren Verwitterung nachhelfen kann. Die Alpen, die Kordilleren, der Himalaja heben sich und verwittern schon, derweil sie steigen. Alles ist also neu verbündet gegen die Kohlensäure, genau oder noch auffallender wie in der Steinkohlenzeit, und schon senkt sich auch im letzten Tertiär in reißendem Temperatursturz das Klima. Schluß: die diluviale Eiszeit, – das Fenster stand wieder weit offen. Der Vulkanismus hatte eine Weile wieder deutlich pausiert. Schon im Jungtertiär werden die Vulkanspuren dünn. Das Diluvium selbst aber ist für Frech ausgesprochenster Stillstand. »Zwei verschiedene Beobachtungsreihen, einerseits das Fehlen eruptiven Materials in Ablagerungen der Gletscher (den Moränen und Sanden), andrerseits die landschaftlichen Formen der jüngeren Vulkanberge, führen zu demselben Schlusse. Der bezeichnende Typus eines während der Eiszeit tätigen und gleichzeitig durch starke Schneeschmelze erniedrigten und abgetragenen Vulkanberges ist außerordentlich selten. Die zahlreichen geologisch jungen, aber nicht mehr tätigen Vulkane von bedeutender Höhe zeigen ganz vorwiegend steile Neigungswinkel und sind somit erst nach der Eiszeit gebildet.« Bis sich jetzt auch da wieder etwas regt. Noch in geschichtlicher, ja jüngster Zeit hat der Vulkanismus unverkennbar erneut zugenommen. Die Gasfabrik arbeitet wieder. Und so leben wir auch schon in wärmere Tage hinein, das Treibhausfenster ist abermals geschlossen, und wer weiß, wann wir wieder Kokosnüsse am Rhein und Walnüsse in Spitzbergen ernten werden.

Unmöglich kann man die glänzenden Seiten auch dieser Theorie verkennen, die man nach dem Muster der Kant-Laplaceschen als die Arrhenius-Frechsche zu bezeichnen pflegt. Ohne die Wagnisse der Astronomie, die am Globus rückt, gibt sie eine geologisch ganz große und einheitliche Linie, löst spielend die Kältezeiten wie die Wärmezeiten, erfindet nicht Hilfshypothesen zum Zweck, sondern knüpft an wirkliche Periodizitäten, wie den Vulkanismus und die Gebirgsbildung, an. Grade durch letzteres erweckt sie sogar die Hoffnung auf ein noch zu findendes tieferes Gesetz. Denn wenn es eines Tages glückte, für Vulkanismus und Gebirgsbildung eine tiefere Notwendigkeit – etwa in Perioden der sich zusammenziehenden Erde – zu entdecken, so wäre man auch mit ihr noch ein Stück weiter, wäre auch nur genau das Bild durchführbar, wie es Frech für Steinkohle und Tertiär aufgerollt, so würde geologisch alles Beste dessen erfüllt sein, was man eine Arbeitshypothese nennt, – also ein vorläufig einmal zugrunde zu legender Faden, der Erfolg verspricht. Noch mit dem Schwänzchen, daß aus dem Gedanken etwas Optimistisches lacht. Mögen uns Kulturleuten von heute noch so viel Vulkankatastrophen nach dem Muster von Pompeji oder Martinique zeitweise die Kreise verkehren: eigentlich wäre es doch nur das nötige Zeichen dafür, daß die Natur uns schon wieder die große Treibhausscheibe einsetzt, die Berlin oder Stuttgart unter Palmen bringt, nachdem unsere Altvordern Mammute jagen mußten. »Man hört,« so sagt uns Arrhenius, »oft Klagen darüber, daß die in der Erde gehäuften Kohlenschätze von der heutigen Menschheit ohne Gedanken an die Zukunft verbraucht werden; und man erschrickt bei den furchtbaren Verwüstungen an Leben und Eigentum, die den heftigen vulkanischen Ausbrüchen in unserer Zeit folgen. Doch kann es vielleicht zum Trost gereichen, daß es hier, wie so oft, keinen Schaden gibt, der nicht auch sein Gutes hat. Durch Einwirkung des erhöhten Kohlensäuregehaltes der Luft hoffen wir uns allmählich Zeiten mit gleichmäßigeren und besseren klimatischen Verhältnissen zu nähern, besonders in den kälteren Teilen der Erde; Zeiten, da die Erde um das vielfache erhöhte Ernten zu tragen vermag zum Nutzen des rasch anwachsenden Menschengeschlechtes.«

Erst wenn man sich von einer gewissen Sturzwelle der Überraschung wieder frei gemacht, wird man dafür zugänglich, daß auch diese geistvolle Idee nicht alles löst, also einstweilen auch noch stark der Kritik unterliegen muß.

Es ist ihr Zauber, daß sie von einem höchst scharfsinnigen Chemiker ersonnen und einem kundigen Geologen auf die Tatsachen angewendet worden ist. Aber gerade so muß sie sich auch den Doppelangriff von Chemikern und Geologen gefallen lassen. Auf der einen Seite ist Arrhenius' engere Kohlensäurerechnung angezweifelt worden. Eine sehr beträchtliche Abnahme der Kohlensäure könne zwar das Klima gegen heute etwas herabsetzen, niemals aber könne eine Zunahme es bei uns tropisch machen. Denn jene wärmeerhaltende Kraft der Kohlensäure habe ihr bestimmtes Maß, wo sie alle verfügbaren Strahlen zurückhalte. Das aber sei bei dem heutigen Zustande schon überreichlich erfüllt. Für ein Mehr seien gar keine Strahlen da. So könne auch noch soviel Kohlensäure mehr nichts weiter nützen: das Treibhausfenster, bei heutiger Dicke vollkommen, sei mit noch soviel Zusatz an Dicke nicht auszubessern, sondern leiste nur grade ebensoviel. Wenn das wahr wäre, fiele mindestens der universale, Tropentage wie Eiszeiten bei uns gleichmäßig gut erklärende Zug der Theorie dahin. Es muß aber gesagt werden, daß die Debatte schwebt und Arrhenius seine Rechnung im ganzen Umfang aufrecht erhalten hat.

Geologisch gilt wohl als das schwerste Bedenken, daß jene parallele Periodizität des Vulkanismus nicht in dem Maße stimme. Die Eruptionen sollen viel regelloser durch die geologischen Zeiten verteilt sein, nicht immer bloß mit den warmen gehen. Oder sie sollen sich trotz Frech grade gegen die kalten häufen. Da müßten am Ende gleich die Eiszeiten selbst an den Eruptionen liegen. Und man ist auch dazu mit Gegentheorien nicht müßig gewesen, die nun Arrhenius-Frech im eigenen Felde zu schlagen suchten, indem sie auch von dem Vulkanismus ausgingen, aber wieder umgekehrt schlossen. Ich habe schon einmal die gelegentliche Idee der Vettern Sarasin erwähnt, daß der Vulkanismus zeitweise mit seinem krakatauahaften Aschenstaub die Sonne abgeblendet und das Klima kühl gemacht haben könnte. Aber die großen Vulkanexplosionen treiben alle Male auch kolossale Säulen von Wasserdampf in die Luft. Für Arrhenius würde das nur die Wärme noch steigern. In solcher kühlen Zeit aber sollte es zu Pluvialperioden und Schneezeiten geführt haben. Eine schon ältere Theorie meinte sogar mit solchem Vulkandampf allein, der an himmelhohen Gebirgen zu Gletschereis wurde, zur Eiszeit zu kommen, und der Gedanke hat wenigstens als Hilfshypothese immer wieder gefesselt. Im ganzen nähert man sich hier offenbar wieder dem Meister Hildebrandt, bloß ohne Kosmisches. Ich will nun nicht behaupten, daß diese Gegentheorien an sich überzeugender wären. Aber man sieht wieder auf die leise Gefahr der Idee, die aus ungefähr gleichen Voraussetzungen noch die extrem gegensätzlichsten Schlüsse zaubert. Der ganze »Vulkanismus in der Geologie« ist eben doch noch nicht so geklärt, wie Frech sich dachte.

Gar keine Deutung gibt aber Frech jedenfalls für die immergrünen Wälder innerhalb der langen Polarnacht, – wie will er sie auch mit ein paar Grad besser erhaltener Sonnenwärme mehr über die Schauer der ganz sonnenlosen Monate bringen; hier scheint mir noch ein grundlegender Einwurf zu stecken. Und erklärt wird ebensowenig das Rätsel in der geographischen Lage der Permvereisung, – gingen ihre Gletscher eines allgemeinen Klimasturzes wegen wirklich über den Äquator, so hätte damals wohl die ganze Erde unter Eis liegen müssen. Andrerseits wäre es allerdings schon ein Gewinn, wenn auch nur die geologische Reihenfolge, wie Frech sie so anschaulich zu machen wußte, ungefähr zu Recht bestände. Man könnte dann fragen, ob nicht der eine oder andere Ursachenposten darin noch durch einen besseren bisher unbekannten ersetzt werden könnte. Wenn auf starken Vulkanismus wirklich immer wärmere Zeiten und auf lebhaften Pflanzenwuchs und große Gebirgsverwitterung immer Kälte gefolgt wäre, so könnten wir hier einer entscheidenden Sache auf der Spur sein, auch wenn selbst der von Arrhenius eingefügte hypothetische Faktor der Kohlensäure als solcher nicht stimmte. Oder es könnte sogar in der Reihenfolge selbst noch verschoben und gebessert werden: immer doch sähen wir eine große Linie. Wem also die astronomischen Fragen zu weit und die Polschiebungen zu verwegen sind und wer gleichwohl eine umfassende geologische Schau möchte, der wird doch wohl irgendwie hier das Schifflein seiner Eiszeitgedanken anketten müssen.

Wobei ich noch ein Wort zu der Zukunftshoffnung sagen möchte. Im ganzen klingt hier ja wieder etwas von jenem »Unmittelbaren« aller Wetterphilosophie durch. Wird das Klima besser werden, unsern Enkeln reichere Ernten schenken? Wir haben gesehen, wie die verschiedenen Eiszeittheorien hier ganz verschiedene Antworten geben. Bei Reibisch pendeln wir Europäer bereits seit Jahrtausenden wieder äquatorwärts, während allerdings den Nordamerikanern der Boden unter den Füßen tückisch, zum Pol läuft. Bei Dubois stecken wir dagegen alle miteinander bloß in einer verdächtigen Interglazialzeit, an deren Ende uns recht jämmerlich wieder der Eisriese holen könnte. Ich denke nun, wenn man im allgemeinen, auch unangekränkelt von einzelner Theorie, auf die Erdgeschichte zurückschaut, sieht, wie dort eine schier unabsehbare Folge der Jahrmillionen eine stärkere Wärme hat, nur durchbrochen von wenigen und kurzen Eiszeiten, – so wird man für wahrscheinlicher halten, daß auch wir, die eben aus solcher Eiszeit kommen, abermals auf »Wärmer« losmarschieren. Es hat etwas Anschauliches in diesem Sinne, daß unsere gegenwärtigen weißen Polarkappen bloß noch gleichsam abnorme Überreste unserer letzten Eisperiode wären, die abklingen werden, wie die große südliche Pluvialperiode wohl noch geschichtlich vor unsern Augen abgeklungen ist. Dann gäbe es in der Zukunft wirklich einmal jene nordwestlichen Durchfahrten da oben, die man in Franklins Tagen so schmerzlich suchte und dann mit Eis verbarrikadiert fand. Und wer will eine Volkswirtschaft ausdenken, die ohne die Schäden der Tropen ihren Segen bei uns erntete?

Aber zu alldem muß eines unabänderlich gesetzt werden, das auch auf Arrhenius im ganzen Umfang zutrifft. Man darf sich, auch wenn solche Dinge wahr sind, nicht dem Glauben an eine unmittelbare Nähe hingeben. Das Neuheranrücken solcher Klimaperioden geht mit geologischem Maß, und das ist, an kleinem Menschenmaß gemessen, ungeheuer. vom Ausgang der diluvialen Eiszeit trennen uns erst vielleicht 30 000 Jahre, – bis zum echten Tropentertiär zurück aber sind's sicher über zwei Millionen. Danach mag man sich die Wiederkehr ausrechnen. Es scheint gesorgt, daß wir noch etwas Spielraum zur Vorbereitung auf die neuen Palmen haben. Inzwischen dürften wir noch durch zahllose Ketten kleinerer Klimaschwankungen gehen, wie sie die Brücknersche und vielleicht einige noch etwas längere ausdrücken. Wenn ein denkender Beobachter (Wilhelm Schuster), dem kleine Anzeichen von nordwärts gerichteten Tierwanderungen in unsern Tagen auffielen, das Wort von einer »neuen Tertiärzeit« geprägt hat, so dürfte das auch nicht so wörtlich zu verstehen sein, sondern mehr mit Bezug auf solche wärmere Zwischenschwankung, die von dem feinen »inneren Thermometer« der Tiere schon vorgefühlt würde, ehe wir sie beachteten. Und vielleicht ist es ein besserer Maßstab für die wirkliche Dauer jener großen Dinge, wenn man sich sagt, daß Deutschland vielleicht nicht eher wieder Kokos und Brotfrucht ernten wird, als bis die heutigen Alpen, Körnchen um Körnchen abgetragen, wieder im Meer liegen. Immer vorausgesetzt, daß die Sache selber stimmt!

Im wesentlichen aber erscheint damit der Kreis der gesamten zurzeit gangbarsten Eiszeittheorien erfüllt, wir brauchen kein **Ignorabimus** (ewiges Nichtwissenkönnen) auszusprechen – es ist schon philosophisch faul, geschweige denn rein naturgeschichtlich –, um doch zu empfinden, daß Paris den Schönheitsapfel der Wahrheit noch an keine mit ganz gutem Gewissen vergeben kann.

Es gibt Leute, die den Wert der Wissenschaft davon abhängen lassen, ob sie schon alles gelöst habe, so daß jeder, der nur ein Buch zur Hand nimmt, in nervöser Blasiertheit mit allem fertig sein kann. Sie haben nie den eigentlichen Reiz und Zauber kennengelernt, der in der *Wahrheitssuche* liegt, – in dem Anteil an jenem ungeheuren unvollendeten Netz, an dem schon so viele Forschergeschlechter vor dir gewebt haben und noch so unzählige nach dir weben werden, und an dem du heute auch in Gedanken mitweben darfst, eben so deine Person in die Arbeit der Jahrtausende mit ihrer wahren Geistesunsterblichkeit verflechtend. Andere wünschen jene Erfüllung, weil sie von den Ergebnissen der Forschung unmittelbare praktische Macht erwarten, neue Beherrschung der Naturkräfte zum größtmöglichen Nutzen bereits des Augenblicks. Auch zu diesen letzteren Problemen gehört aber die Eiszeit nicht, sie kann warten.

Blicken wir noch einmal auf Goethes Tage zurück, von denen wir ausgingen, so wird klar, wie jung die ganze Wissenschaft der Geologie in unserm heutigen Sinne noch ist, in der auch sie als eine einzelne, wenn auch überaus anziehende Frage hängt. Goethe, mit den größten Forschern seiner Zeit befreundet, erlebte in reifen Jahren noch den ersten tastenden, oft fehlgehenden Versuch, jene geologischen Schichten und Epochen, von denen wir jetzt im Verlauf so oft gesprochen: Jura, Kreide, Tertiär, Diluvium, notdürftig voneinander zu sondern und an gewissen Versteinerungen (Leitfossilien) wiederzuerkennen. Im Alter half er tätig mit bei der ersten Farbengebung einer geologischen Karte von Deutschland, er nahm lebhaftesten Anteil an der frühesten wirklich wissenschaftlichen Wiederherstellung eines ausgestorbenen Tieres, wie des Pterodaktylus oder des Megatherium. Er kämpfte noch mit, ob der Basalt ein feuriger Vulkanerguß oder ein Wassergebilde sei und ob diese Vulkane selbst bloß aus zufällig in Brand geratenen Kohlenflözen beruhen könnten. Im gleichen Jahr, da »Werthers Leiden« geschrieben wurden, stellte Kapitän Cook zum erstenmal fest, daß auch der Südpol (bei dem man in Dantes Tagen noch den Eingang zur Hölle gesucht hatte) unter ewigem Eise lag gleich dem Pol des Nordens.

Es ist eine ungeheure Arbeit, die in diesen Dingen seither getan ist, man kann nicht noch mehr verlangen. Auch das Menschheitsgehirn hat ein gewisses geologisches Maß im kleinen, das seine Bäche und Bahnen erst in einer gewissen Zeit tieft, seine Geisteskörnchen eins ums andere zu Quadern häuft. Zu den noch nicht hundert Jahren seit Goethes Tod sind nach unsäglichen Mühen, Opfern und Entsagungen die beiden Polpunkte ganz oder doch ungefähr errungen worden. Auch das Problem der Eiszeit hat etwas von solcher geistigen Polarfahrt. Der Sucher darf sich nicht abschrecken lassen, wenn er selber zunächst noch einfriert, nicht von der Stelle kommt oder von loser Scholle ganz wo anders hingetragen wird, als er wollte.

Drachen: Sage und Naturwissenschaft (1929)

Ich war unlängst einmal wieder in einem halbwissenschaftlichen amerikanischen Film, obwohl ich eigentlich nicht besonders gern so etwas besuche. Denn ich ärgere mich durchweg nur über das Mißverhältnis zwischen den guten neuen Mitteln, die hier für wirkliche Volksbildung gegeben wären, und dem tatsächlichen Nichttalent der Leute, etwas damit zu leisten.

Immerhin ging's diesmal noch glimpflich. Man sah, mit der unvermeidlichen amerikanischen Kitsch-Beigabe, eine Expedition, die auf bisher unerstiegenem tropischen Steilhochland noch lebende Saurier der Kreidezeit entdeckte – an sich nett erfunden und in den Tieren selbst, das mußte man zugeben, mit der lebendigsten Technik herausgebracht. Aufnahmen wie aus unserm Zoo, sagte ein geistvoller Tiergartenleiter zu mir – und doch eben Sauriervolk jener unendlich verschollenen vormenschlichen Welt. Man sah die alten Hornsaurier (Ceratopsiden), von der Natur in einer ihrer verwegensten Launen einst zusammengestückelt aus Stier, Nashorn, Schildkröte, Papagei und Krokodil gleich dem tollsten indischen Götzenbild – wie sie mit ihren Jungen als entsprechenden Kleingötzchen vor einem Waldbrande flüchteten. Die wilden Raubsaurier äugten als haushohe fleischfressende Känguruhs des Reptilstamms über den Busch. Und selbst der leibhaftige Riesenflugsaurier schwebte im Gleitfluge auf der Siebenmeterspannweite seiner Häute, wenn es ihm auch da oben wohl etwas an der nötigen Fischkost gefehlt haben würde. Man staunte doch, was mit den Tricks einer an sich bewundernswerten Kunst heute schon alles möglich war. Zugleich aber gingen meine Gedanken nach zwei Richtungen.

Einmal zu der Forschung, die uns dieses uralte versteinte Abenteuer doch heute wieder so weit ausgegraben hatte, daß es wenigstens in der Idee erneut vor uns herumlaufen durfte.

Und zu dem leisen Bedauern und Traum, daß nicht doch auch das andere wahr sein sollte: der kolossale Brontosaurus etwa aus seinen Sümpfen auf der Grenze von Jura und Kreide sich wirklich noch begegnend mit – dem Menschen.

Es gehörte zu den humoristischen Schlagern des Filmmärchens, daß sie dort einen solchen lebenden Brontosaurier ernstlich in den Zoo überführen wollten und dabei die ungeheure Hängebrücke der menschlichen Weltstadt unter seinem Gewicht zusammenbrach. Warum hatte die Natur nicht ebenfalls den Witz gefunden, diese ihre beiden Rekorde, den größten wandelnden Fleischberg und das höchste Geisteswesen, unter gleicher Sonne voreinander zu stellen . . .?

Unser Wissen von dieser verlorenen Welt ist ja heute wirklich bereits merkwürdig scharf in sich abgerundet, wenige Ereignisse nur des ferneren Kosmos haben wir tatsächlich so glänzend mit dem Verstande wieder hergestellt, wobei entgegenkam, daß es sich offenbar in der Sache selber um eine der geschlossensten Episoden der ganzen irdischen Entwicklung handelte.

Diese *Saurierschöpfung* tauchte mit einer heroischen Stufe dieser Entwicklung auf, gewann bereits einmal eine Art Erdherrschaft, wie später nur der Mensch selbst, erlebte gleich dem Helden eines richtigen Dramas ihre »Hybris«, wie die griechischen Tragiker das nannten, den Übermut des verrückten über jedes Maß hinaus, und versank wenigstens nach der gangbaren Meinung zu ihrer Schicksalsstunde ebenso wieder in dem Rest, der Schweigen ist. Wenn man in der Vergeistigung des Menschen wirklich die entscheidende Linie des irdischen Weltvorgangs sucht, so war es im ganzen eine Nebenschöpfung, ein Versuch der seitwärts sich entladenden Kraft, der doch nicht mehr an das Entscheidende rührte trotz all seiner Mittel. Aber dem Beobachter, der nicht Ziele denkt, sondern sich bloß der Gewalt des rein Gestalteten in der Natur hinzugeben strebt, von unbezwingbarem Reiz. Seit der erste Knochen eines solchen »Sauriers« deutbar geworden, haben immer wieder ganze Generationen ausgezeichneter Köpfe ihr Leben in den Dienst dieses gewaltigen Stoffs und seiner Magie gestellt, ähnlich wie es innerhalb der engeren Menschheitsgeschichte gewisse Figuren und Handlungen gibt, die dem Historiker fortgesetzt keine Ruhe lassen.

Dabei sind es zeitlich *kaum mehr als hundert Jahre*, die uns von diesen ersten Fossilfunden trennen.

Der erste ganz erkennbare Ichthyosaurus kam 1814 in England ans Licht; an einer andern nachmals berühmt gewordenen Fundstelle bei uns in Schwaben erst 1824. Der erste entsprechende langhalsige Plesiosaurus zum gleichen Termin 1824. Um den frühesten Schädel des seeschlangenhaften Mosasaurus wob sich als Rarität zwar schon seit 1780 ein kleiner Roman, wobei er einmal (im Verlauf der Eroberung von Maastricht durch die Franzosen) sogar mit 600 Flaschen Wein bezahlt wurde – wirklich wissenschaftlich beschrieben worden ist er aber erst von dem großen Cuvier, der wenige Wochen nach seinem großen Gegner Goethe starb. Die ersten Spuren noch amphibischer *Vorsaurier*, von denen die echten reptilischen wohl erst gekommen sind, zeigten sich in Württemberg um 1828, der nötige imponierende Riesenschädel (Mastodonsaurus) auch dazu erst 1844. Um 1833 wurde man auf Thüringer Sandsteinplatten einer vermeintlich handartigen Tierfährte gewahr, die offenbar hineingeprägt worden war, als der Stein noch weichen Schlamm bildete; man stritt sich damals zunächst, ob es ein Affe, ein Beuteltier oder ein großer Salamander gewesen sein könnte. Andere noch viel gewaltigere Schrittabdrücke aus Nordamerika galten 1836 als von ungeheuren Vögeln herrührend, während wir heute wissen, daß es sich in beiden Fällen um Saurier gehandelt hat. 1838 weckte das erste unvollständige Pareiasaurusskelett eine unbestimmte Ahnung von einem Kapitel der Sauriergeschichte, das sich im fernsten Afrika abgespielt haben könnte. Die Dinosaurier selbst, die heute am meisten das Staunen unserer Museumsbesucher herausfordern, datieren frühestens von 1824, der Feldzug auf die nordamerikanischen Kolosse von jenem Brontosaurusschlage geht sogar nicht über die späten siebziger Jahre zurück. Goethe hielt die ersten Flugsaurier des Solnhofener so prächtig erhaltenden Kalkschiefers mit seinem Freunde Sömmering noch für Fledermäuse, während Cuvier 1809 auch hier das Reptil, allerdings in sehr unerwarteter Fledermausmaske, erschloß.

Seither, und zum Teil erst in den allerletzten Jahren, sind uns dann die wichtigsten Züge des ganzen Bildes klar geworden, vor allem auch die Lebenszüge, mit denen sich die alte Zahn-Saat der Natur wie im griechischen Argonautenmärchen wieder zu festen Gestalten aus der Scholle hob.

Ungefähr haben wir heute das *System* wieder ausgemacht, das die zunächst wüst wieder anrückenden Regimenter ursprünglich verband – wobei allerdings mehreres anfangs richtig Erscheinende neuerlich nochmals stark umgepflügt werden mußte.

Ein »*Saurier*« ist, wie wohl bekannt, dem Worte nach nichts mehr als eine einfache Eidechse. Man hat sich aber durchweg gewöhnt, nur die *vorweltlichen* Reptil-Unholde aus *allen* Gruppen dort darunter zu verstehen. Und da diese, wie gesagt, geschichtlich wohl von noch etwas vorweltlicheren Lurch-Unholden abstammten, so pflegt man den Ausdruck auf diese mit auszudehnen.

Selber waren ja auch diese letzteren schon reichlich unholde Gesellen, die zuerst im dunstwallenden Steinkohlenmorast, der auch die Landinsekten zeugte, äußerst mühsam wie aufs halbtrockene verschlagene Panzerfische oder krokodilhaft verschachtelte riesige Kaulquappen sich dahinschleppten, ganz buchstäblich einer bewegten Zukunft unbeholfenster Anfang. Da der Bauch auf den schwachen, olmhaften Beinchen noch bodenwärts schleifte, führten sie besonders dort eine Art »hürnener Siegfriedshaut« aus Platten und Schuppen.

Und ihnen fast zum Verwechseln ähnlich hat dann auch der *älteste* uns noch erkennbare *wirkliche Reptilsaurierstamm* eingesetzt.

Er trieb zunächst die sog. *Cotylosaurier*, deren Grundzug ebenfalls noch jene Erdschwere auf kurzen, wenn auch schon etwas stämmigeren Dackelbeinen bei dicken Köpfen blieb. Aus dem nassen Sumpf in die dürre Wüste versetzt, legten sie sich aufs Wühlen und Wurzelgraben. Hierher gehörte jener *Pareiasaurus* mit seinem geographischen Geheimnis. Denn die Neste dieser Urtümler kennen wir tatsächlich zumeist aus dem Kaplande, wo sie gleichsam noch die primitiven Buschmänner der späteren Hochsaurier spielten. Südafrika bildete aber selber damals nur einen Teil des berühmten Gondwanalandes mit seiner frühen Eiszeit und seinem späteren mutmaßlichen Versinken im Indischen Ozean. Ein Sproß des Stammes entwickelte zeitweise dort ein differenziertes Gebiß wie Säugetiere, so daß Streit der Weisen darüber besteht, ob auch diese Säugetiere selber von hier ihren Ausgang genommen haben könnten oder ob bloß ein allgemeiner Schöpfungshauch zu solchen Zähnen damals alle Landwirbeltiere unabhängig gestreift hätte. Das merkwürdigste aber scheint, daß wir auch von dieser ältesten verlorenen

Welt noch heute einen fortlebenden Typ besitzen, der uns ihr Bild verewigt – nämlich in unsern *Schildkröten*. Ganz neuerdings ist in einem altafrikanischen *Eunotosaurus* der vermutliche Übergang entdeckt worden. Auch er wohl noch ein solches ursprüngliches Grabtier des Landes, das mit verbreiterten Rippen und auflagernden Hautverknöcherungen das künftige Dach der Schildkröte nach Gürteltierart zunächst gegen das nachstürzende Erdreich verwertete.

Neben diesen Grundstamm stellen sich dann *fünf höhere Stämme der Saurier*. Möglich, daß auch sie zuletzt alle irgendwie mit dem ältesten zusammengehangen haben, aber der unendliche Formenreichtum und die vielseitige Anpassung haben den Ausgang verwischt.

In der einen Linie liegen die vergangenen Vorfahren unserer heutigen wirklichen *Eidechsen* und *Schlangen*. Trotz solchen oben noch grünenden Wipfels muß aber gerade dieser Trieb auch uralt sein. Der Zufall hat gewollt, daß, wie drüben die Schildkröte, so auch hier ein, wie das Volksmärchen von seinen Hexen sagt, »meeralter« Vertreter sich lebend erhalten hat in der sog. *Brückenechse* auf ein paar Inselchen an der Küste von Neuseeland. Trotz dieser Zählebigkeit über die Millionen der Erdgeschichte fort muß sie auch heute als typischer Urweltssaurier gelten, der sogar noch im ältesten Rätsel dort steckt. Eine Weile sollte sie geradezu noch die Stammform der ganzen Reptilien sein mit eigenem Anschluß an jene Molchsaurier selbst, während man sie gegenwärtig immerhin doch auch über die ältesten Cotylosaurier kommen läßt. Es ist dabei bezeichnend, daß auch sie noch heute eine grabende Lebensweise führt, die sie gewohnheitsmäßig in die Gesellschaft höhlenbrütender Sturmvögel gebracht hat. Neuerlich steht sie unter strengem englischen Naturschutz als fast unbegreiflich zu uns hereinragendes Wunder. Im übrigen gehören diesem Stamm noch jene meerbewohnenden schlangenhaften *Mosasaurier* als reine Vorweltler an, von denen im folgenden noch einiges zu sagen sein wird.

Den scharf umrissenen dritten Stamm bilden die ebenfalls rein schwimmenden *Ichthyosaurier* der alten Ozeane, deren Anschluß nach unten man einstweilen nicht kennt.

Den vierten ebenso die *Plesiosaurier*, die mehr ein Robbendasein führten und jedenfalls von Landformen kamen.

Von diesen beiden volkstümlichen Typen ist kein lebender Vertreter mehr bis auf uns gelangt, wir berühren hier also extreme Urwelt.

Während der fünfte Hauptstamm wieder in einem Ast bis heute reicht, nämlich im *Krokodil*, das wohlverstanden also gar nichts mit der echten heutigen Eidechse zu tun hat. Zugleich umschließt er im andern, ganz urweltlichen Zweige aber den Stolz und Rekord des gesamten Sauriertums überhaupt, nämlich die *Dinosaurier* selbst, die Schreckenssaurier, wie das Wort besagt. Dinosaurier wie Krokodile gingen in ihrem Stamm wahrscheinlich auf eine gemeinsame Urgruppe zurück, die ihrerseits vielleicht von den Brückenechsen kam. Jedenfalls wahrten auch die Dinosaurier immer etwas von einem über die Stränge schlagenden Krokodil, das aber von Anfang an eine Neigung gehabt haben muß, sich känguruhhaft auf den Hinterbeinen zu bewegen. Kleine Hüpfsaurier vom allgemeinen Schlage des späteren Solnhofener *Compsognathus* eröffneten in diesem Sinne die Bahn, sie steigerten sich rasch zu wandelnden Türmen, wie *Megalosaurus* und später *Tyrannosaurus*, als Fleischfressern wohl den bösesten Bestien ihrer Zeit, während ein anderes entsprechendes Turmgeschlecht bei friedlicher Pflanzenkost parallel bis zum riesigen *Iguanodon* kam. Beide Türme aber sanken, wie zu schwer belastet, erneut wieder zur Vierbeinigkeit ab: die einen zu den jetzt vollends gigantischen *Brontosauriern* und Genossen, die andern zu den *Stegosauriern* und jenen märchenhaften *Ceratopsiden*.

Es bleiben noch als letzter Stamm die wunderbaren *Flugsaurier*. Die Loslösung vom Boden, dem die ältesten Saurier noch so verhaftet gewesen, feierte hier ihren höchsten Triumph. Nachdem die Dinosaurier schon in ihrer Weise das Vorderbein frei gemacht, führte jetzt eine vom verlängerten kleinen Finger der Hand gespannte tragende Flughaut ganz in die Luft hinauf. Die sog. *Pterodaktylen* flatterten dort noch wie die Fledermäuse, der gewaltige *Pteranodon* ging von ihnen zum reinen Gleitflug, und der Typ *Rhamphorhynchus*, indem er den Schwanz noch als Steuer hinzunahm, tat es bereits fast unsern Schwalben gleich. Woher dieses luftige Volk gekommen, steht noch immer nicht ganz fest, aber die größere Wahrscheinlichkeit neigt ebenfalls jener Stammgruppe zu, die Krokodile und Dinosaurier aus sich entließ, vielleicht hat der

Abzweigungspunkt auch hier bei einem sehr zierlich kleinen Typ gelegen, wie dem niedlichen Zwergsaurier *Aetosaurus*, von dem einmal in Schwaben auf ein und derselben Platte eine ganze Gesellschaft von 24 Stück zum Vorschein kam, die ein Landsturm der fernen Triaszeit begraben.

Nächst diesem Stammbaum sind die *Größenverhältnisse* selbst allgemein geklärt worden, sie haben Ecken, wo man nicht übertreiben darf, und andere, wo man allerdings kaum noch übertreiben kann.

Das gewöhnliche Bild des Laien, daß jeder Saurier von selbst ein Riese gewesen sein müsse, ist ja keineswegs zutreffend. Der *Pterodaktylus* war oft wirklich nicht größer als eine Fledermaus, und die gewöhnliche schwäbische Ichthyosaurusart nicht länger als ein mäßiger Seehund, vielfach sind auch, wie bei allen urweltlichen Tieren, die Knochen der großen Formen übrig geblieben zuungunsten der kleinen. Daneben stehen aber auch die wirklich verblüffenden Maße, die nicht wegzudisputieren sind.

Schon jene Lurchsaurier hatten in besagtem Mastodonsaurus Schädel bis 1⅓ m lang, was bereits der Gesamtlänge eines mittleren japanischen Riesensalamanders, also des größten lebenden Lurchs, entspricht.

Der tatsächlich größte Ichthyosaurusschädel im schönen Kloster Banz am Main in Franken ist mit 2 m größer als ein ganzer Mensch, und man rechnet zu solchen Kolossen 12 m Gesamtstatur, was kein Krokodil von heute mehr entfernt erreicht.

Für eine Plesiosauriergattung (Elasmosaurus) werden schon 13 m angegeben, wovon 7 auf den ungeheuren schlangenhaften Hals kommen, der diese Plesiosauriden wenigstens zumeist gegenüber den kurzhalsigen Ichthyosauriern kennzeichnet.

Mosasaurus maß mindestens auch 12 m.

Die größere Form bei den berühmten 29 Iguanodon-Skeletten im Brüsseler Museum, die vielleicht das Weibchen war, hatte 10 m von der Schnauze zur Schwanzspitze.

Die neueste amerikanische Wiederherstellung von *Tyrannosaurus rex* aus der obersten Kreide drüben, also dem Gebiß nach dem grausigsten Raubsaurier, gibt bei aufrechter Montierung einen Turm von gut dreimal Menschenhöhe. Man muß sich vorstellen, wenn dieser reptilische Tiger sich auf ein Wesen von Menschengröße stürzte.

Auch die Köpfe allein jener Hornsaurier (Ceratopsiden) stiegen bis auf 2 m.

Jener größte Flieger Pteranodon klafterte doppelt so weit wie unser größter Albatrosvogel.

Das alles tritt indessen noch einmal weit zurück gegen die Brontosauriden. Brontosaurus selbst wird auf 22 m geschätzt bei 34 500 kg Gewicht. Der in Skelett-Abgüssen weit verbreitete Diplodocus bis 24 m. Andere Schätzungen gehen hier schon bis 30 m, was ungefähr der größten je gemessenen Länge eines Walfisches gleich kommt.

Einzelnen Knochen nach hatte man zunächst erwartet, daß der zugehörige Brachiosaurus vom Tendaguru in Ostafrika selbst diesen Rekord noch schlagen werde, es hat sich aber herausgestellt, daß sein Riesenwuchs mehr steil in die Höhe, als in die Länge ging. Sein Hals stand giraffenhaft über vier ungeheuren Stempeln zu verhältnismäßig kurzem Schwanz, wobei aber ein Oberarm sich mit 2,10 m Länge (gegen nur 0,95 m des Diplodocus) auf den Unterarm türmte und das zugehörige Schulterblatt 1,53 m maß. Ein einzelner Halswirbel gab 69 cm. Dieser Koloß konnte beim Abweiden von Sumpfpflanzen sehr bequem 12 m tief im Wasser stehen, was ihn nach der sehr annehmbaren Meinung seines Wiederherstellers zugleich vor den Angriffen der großen Raubsaurier schützte. Es ist aber gern zuzugeben, daß kein Mensch sich mehr eine wirkliche Vorstellung von solchem Ungeheuer machen kann, das vier übereinander gestapelten Elefanten entsprach. Ist doch sogar vertreten worden, diese Riesen hätten an »Akromegalie«, also krankhaftem Riesenwuchs auf Grund einer Verbildung der Hypophysendrüse im Gehirn, gelitten.

Nicht minder genau sind wir über die *äußere Körpergestalt* belehrt worden, die vielfach der Größe an Abenteuerlichkeit nichts nachgab.

Wir wissen, daß der 9 m lange Stegosaurus schon zu Lebzeiten eine Art versteinten Zackenkammes aus zwei Reihen alternierender Knochenplatten, die von fern wie ungeheure Greifenflügel gewirkt haben müssen, auf dem Rücken schleppte, wahrend der Schwanz mit vier furchtbaren Einzelstacheln schlug, wir wissen, daß andere Typen sich bloß mit solchen kolossalen Igelstacheln verteidigten, daß jene größten Raubsaurier hohe Knochenhelme mit Hornscheiden auf den Köpfen führten und ein Iguanodontide (Corythosaurus) durch solchen Helm wie ein phantastischer Kasuar ausgesehen haben muß.

Bei gewissen jener Ceratopsiden saß bei doppelter Rhinozerosstatur des beschuppten Reptilleibes ein mächtiges Horn auf der Nase, ein paar Ochsenhörner über den Augen und dazu noch ein besonderer Knochenschirm krausenartig um den Nacken; der einzelne Kopf im Frankfurter Senckenbergmuseum wirkt überhaupt nicht mehr als Schädel, sondern wie die bizarren Auswüchse und Wülste eines riesigen Schaltieres.

Wenn in manchen Fällen die Aufmontierung des Skeletts und seine zeichnerische Wiederbekleidung mit Fleisch und Haut noch Zweifel ließen, so kam in andern der wunderbare Zufall ganzer *Mumien* und *Abdrucks-Silhouetten* zu Hilfe.

Aus gewisser Schicht des Juraschiefers von Holzmaden an der Schwäbischen Alb holt seit Jahr und Tag der unvergleichliche Präparator Dr. Hauff so die Ichthyosaurier mit dem ganzen *Hautumriß* heraus. Diese Bucht war zu ihrer Zeit eine »Falle«, in der alles eingeschwemmte Leben durch Faulschlammgase vergiftet und konserviert wurde. Jährlich kommen dort noch 100 bis 150 Stück dieser alten Fischreptile an den Tag. Aus den Hautabklatschen hat man aber gelernt, was kein Skelett allein verraten konnte: daß auf ihrem Rücken eine dreieckige Delphinflosse saß und am Hinterende eine doppelte senkrechte Schwanzflosse mit losem Oberlappen.

Sog. »Mumie« eines riesigen, zu Lebzeiten wohl aufrecht auf den Hinterbeinen sich
bewegenden Dinosauriers (*Trachodon annectens*) der oberen Kreide von Nordamerika,
gegenwärtig im Senckenbergischen Museum zu Frankfurt a. M. Außer dem Skelett ist in
diesem seltenen Falle auch noch die Skulptur der Haut durch Abdruck in der umgebenden
Sandsteinhülle zum Teil erhalten und durch geschickte Herausarbeitung wieder zur
Anschauung gebracht. Die Haut muß sehr faltig gewesen sein, und über Hals und Rücken
zog sich ein zackiger Kamm. Das Frankfurter Exemplar maß rekonstruiert von der Schnauze
bis zur Schwanzspitze acht Meter. Wie die Schwimmhäute andeuten, führten diese
pflanzenfressenden reptilischen Ungeheuer eine halb amphibische Lebensweise am und im
Wasser von Flüssen oder Sümpfen. Ihre verschwemmten Leichen dörrten an Sandbänken
gelegentlich wohl zu Hautmumien ein und kamen so zur Versteinerung. (Nach einer
freundlichst zur Verfügung gestellten photographischen Aufnahme im Besitz der
Senckenbergischen Naturforschenden Gesellschaft)

Entsprechend hat uns der feine eingewehte Kalkstaub der Rifflagunen von Solnhofen den Schatten der nackten Flughaut dort verunglückter Flugsaurier bis in jedes Fältchen bewahrt.

Von einem jener unverpanzerten wandelnden Berge des Iguanodontyps, dem 8 m langen Trachodon (der Name selbst hat mit »Drache« nichts zu tun), schwemmten im Laufe der Jahrtausende seiner Existenz immer einmal wieder einzelne ungeschlachte Kadaver auf Sandbänken der Flüsse, in deren Gebiet die Scheusale hausten, an und dörrten dort zu Mumien, deren genaue Hautskulptur sich nachher dem umhüllenden Sandstein einprägte. Das gleiche Senckenbergmuseum besitzt unter seinen höchsten Kostbarkeiten auch ein solches fast schauerlich »frisches«, scheinbar noch umhäutetes Exemplar in der natürlichen Lage. Man sagte im Scherz nach der Präparation aus seinem Block, daß man erwarten müsse, es werde jetzt anfangen, noch zu stinken. Genialer Blick aber hat den ganzen Kerl danach täuschend im Bilde wieder hergestellt, wie er zweibeinig, steif und nickend daherkam, mit einem Zackenkamm am Rücken und mit Schwimmhäuten der Hand, ein schreckhafter Dämon, der doch mit seinen über 2000 Zähnen in mehrfachen Ersatzreihen hinter der verbreiterten Hornzerre des Vordermauls nur ein harmloser Pflanzenfresser gewesen sein kann, dem vielleicht noch eine lange Greifzunge beim Astpflücken half.

Denn auch von dieser Ernährung der Saurier haben wir handgreiflichen Beweis. In eben dieser Frankfurter »Mumie« lag an der Stelle des Magens noch ein brauner Fladen mit Laub- und Nadelholzgefaser, sichtlich von der letzten Henkersäsung des Ungetüms. So führen ebenfalls jene Ichthyosaurier noch die Tintenfische in sich, von denen sie zu leben pflegten, und ein amerikanischer Plesiosaurus wies zerbissene Fische, Ammonshörner und gar einen wohl aus der Luft erschnappten Flugsaurier auf. In einem Diplodocuswirbel aber steckte noch der Zahn, den sich ein zeitgenössischer fleisch- oder aasfressender Raubsaurier daran ausgebissen.

Tausende und Tausende jener bereits erwähnten Fährten ergänzen das lebendige Bild. Man sieht besonders jene Zweibeiner viele Generationen lang ihre Sümpfe umjagen und überqueren. Allzuviel Verstand wird man ihnen allen dabei doch kaum zutrauen, wenn man die oft winzigen Gehirnhöhlen mißt; die stärkste Nervenleistung ging wohl auf die reine Bewegung der ungeheuren Glieder hin.

Vielleicht nichts aber bringt uns ihr Wesen noch so nah als die Einsicht, die wir gelegentlich sogar über ihre *Fortpflanzung* gewannen.

Wieder in verunglückten Ichthyosauriern entdeckte man noch ungeborene Junge, die als Embryo das Schicksal der Mutter geteilt. Es ist wahrscheinlich, daß dieser ständige Wasserfahrer *lebendig gebar.*

Einer der hübschesten je eingeheimsten Funde betrifft dagegen richtige abgelegte Eier auch eines landbewohnenden Dinosauriervolkes. Es ist das Verdienst der Neuyorker Museumsgelehrten, die schon so viel für diese Dinge getan, ganz kürzlich am Ausgang des Altai gegen die mongolische Wüste, also im Herzen von Asien, eine völlig neue und hoffnungsreiche Saurierfundstätte erschlossen zu haben. Offen zur Oberfläche herausgewittert, zeigten sich dort die Knochen eines kleineren und noch etwas weniger seltsamen Vorläufers jener nordamerikanischen Hornsaurier in reicher Zahl. Zugleich in umfassendstem Maße diesmal aber auch die *Eiablagestellen* dieses und andern Geschlechts mit noch vielfach unbeschädigtem Inhalt. Jahrhunderttausende lang mögen sie immer wieder in auch damals wohl schon trockener Wüste benutzt worden sein, die Gelege bis 25 cm langer weißer Reptilieneier von typischer Gestalt zum Ausbrüten der Wärme des sonnenerhitzten Sandes anvertrauend, was dann ein Sandsturm verschüttete, erhielt der entstehende Stein bis auf fernste Zeit, um es verwitternd erst uns heute wieder freizugeben. Noch greift man die Eier selbst, heute auch innen vom feinsten Sande ausgefüllt, auf der dünnen Schale zart geriefelt, wie sie von den sorgenden Tieren zu ganzen Nestern vereint und mit den spitzen nach innen oft mehrschichtig geordnet waren. Nicht selten stecken die Knöchelchen der bereits werdenden Embryonen auch hier noch darin. Ja, einmal fand sich dicht über solchem Ei sogar das ganze Gerippe eines offenbar mitbegrabenen kleinen Raubdinosauriers, der sich seiner Zeit als böser Eierschlecker herzugemacht, wie ein Eichhörnchen oder Wiesel heute zum Vogelnest. Er gehörte zu einem völlig zahnlosen Typ, den man schon an anderm Fundort der gewohnheitsmäßigen Eierräuberei verdächtigt, ohne ihn doch noch so auf ›frischer Tat‹ ertappt zu haben.

Ich schließe diese kleine orientierende Übersicht zunächst mit dem hübschen Bilde.

In dieser Lebensform haben diese Saurier nun unendliche geologische Zeiträume hindurch auf der Erde ihr Wesen getrieben, in allen Erdteilen und allen heutigen Zonen von Australien bis Spitzbergen hinauf, von der Steinkohlen- und Permperiode an durch das ganze Mittelalter der Erdgeschichte in Trias, Jura und Kreide. Bis im Verlaufe und am Schluß dieser Kreideperiode, wenigstens nach gültiger Lehre und wie man sich wohl ausgedrückt hat, das »*große Sterben*« kam. So sachte nacheinander verschwinden aus den uns zugänglichen Schichten dort zuerst die Ichthyosaurier, dann die Plesiosaurier, die seeschlangenhaften Mosasaurier und die großen und kleinen Saurierflieger. Mit am längsten scheinen noch einzelne Dinosaurier durchgehalten zu haben. Bis ins echte *Tertiär* reicht aber kein Knochenrest der genannten Gruppen mehr, obgleich den Anfang auch dieser Epoche immer noch mehrere Millionen Jahre von unserer Gegenwart trennten, vom ganzen Reptilgeschlecht blieb, wenigstens soweit unsere greifbaren Zeugnisse reichen, nur der systematisch kleine Teil fortan, der auch heute noch dauert. Jedenfalls war die eigentliche »Hybris«, wie ich's oben nannte, der wandelnden Häuser und Türme, der beschuppten Vor-Nashörner, reptilischen Meerungeheuer und Vogelkonkurrenten nicht mehr dabei.

Was diesen Abgang gerade der Hauptspieler bewirkt haben könnte, darüber besteht noch ungeschlichteter Gelehrtenzwist. An der eigenen Unform und Hypertrophie erstickt: das könnte für die ganz Großen vielleicht gelten. Von einem Klimasturz bedroht: davon wissen wir doch vorerst gerade für die Kreidezeit nicht viel. Von klügeren Konkurrenten ausgemerzt: das hätten nur die Säugetiere sein können, aber doch wohl erst im späteren Tertiär selbst. Der gleichzeitige Zusammenbruch auf dem Lande und im Meer macht vollends stutzig. Weil ihre Stunde gekommen war im Entwicklungsanstieg; das besagt doch eigentlich auch nichts Greifbares und müßte eben für den kleinen Kreis der Überlebenden nicht gegolten haben, was man wieder nicht versteht.

Man pflegt sich einstweilen zu bescheiden, daß auch sonst vieles damals starb, so die schönen Ammonshörner bei den wirbellosen Tieren; eben »das große Sterben«. Aber recht besehen: einen wahrhaft triftigen Grund hat man noch nie zu entdecken gewußt.

Der *Sagendrache* als biblisches Ungeheuer in der Darstellung unseres deutschen Meisters *Albrecht Dürer*. Das Bild erschien als »das Sonnenweib mit dem siebenköpfigen Drachen« 1498 in Dürers Holzschnitten zur *Offenbarung Johannis*. Es bringt die Stelle dort Kap. 12, Vers 1-4 zur Anschauung, wo als großes Zeichen im Himmel zunächst ein Weib erscheint, »mit der Sonne bekleidet und der Mond unter ihren Füßen und auf ihrem Haupt eine Krone von zwölf Sternen«, und sodann »ein großer roter Drache, der hatte sieben Häupter und zehn Hörner und auf seinen Häuptern sieben Kronen, und sein Schwanz zog den dritten Teil der Sterne hinweg und warf sie auf die Erde«. Das Weib bringt ein Kind zur Welt, das der Drache fressen will, es wird aber zu Gott entrückt. Dürers Drache ist vierbeinig und geflügelt mit sieben Teufelsköpfen.

Daß auf dem einmal entleerten Plan die bis dahin nebensächlichen Säugetiere wirklich hochgingen, ist Tatsache für sich und weniger absonderlich; in diesem Hochgang steckte dann auch irgendwie der Mensch – das wissen wir auch alle.

Ich mache aber jetzt einen Sprung und erzähle etwas gleich von diesem Menschen selbst.

Etwas, das bei ihm gespukt hat lange, ehe jenes letzte Jahrhundert der konsequenten Saurierfunde für uns anhub und diese ganze Wissenschaft Wort bekam.

Jeder Einzelne von uns erfährt, wofern er nur ein irgendwie tieferer Mensch ist, im Verlaufe seines Lebens ein gewisses sittliches Überwinden in sich selbst.

Etwas mehr Licht überwindet mehr anfängliche Finsternis. Geordneteres allmählich das Chaotische. Gutes ein mitangeborenes schlechtes, höher Menschliches eine noch fortbestehende dumpfe Roheit. Ein Lichtmenschlicheres gleichsam noch ein Tiermenschliches, Tierisches, das uns mit klammernden Organen fesselt, aber unser doch in allen besten Momenten nicht eigentlich mehr würdig erscheint.

Dieser innere Kampf geht aber seit Jahrtausenden auch durch die Seele der ganzen Menschheit.

Lange vor Darwin und moderner Kosmogonie erlebte sich auch dort der Sieg des Lichtes über das Wüste und Dunkle. Klang es vom Triumph des sich herausentwickelnden Menschen über das Tier. Vom neuen Guten, das das jetzt böse gewordene Ältere niederzwang.

Das nahm aber dort *symbolische* Gestalt an.

Es wurde zum Bilde des Lichthelden, der ein wirkliches ungeheures Tier erlegt, das die uralte Nacht geboren.

Vom frühesten Babylon reicht das bis zum hohen Norden, vom Heidentum bis in die christliche Welt. Sigurd = Siegfried erlegt den Fafner; seine Gestalt aber wird noch unter dem Kaiser Diocletian in der Zeit der Christenverfolgungen zum Ritter Sankt Georg, dem frommen Römeroffizier und Märtyrer, der die schöne Cleodolinde vom Untier befreit.

Bald ist es in der Sage ein Goldschatz, ein Goldvlies, die zufallen, wenn das böse Scheusal stirbt. Bald erscheint auch ein solcher Schatz noch zu roh und selber verderblich: dann wird der Preis ganz durchsichtig ein schönes, ideales Menschenbild, das erlöst weiden muß. Der Held erweckt es mit einem Kuß, wie es noch im Kindermärchen vom Dornröschen fortklingt – wenn die Zeit endlich erfüllt ist und die Rosen blühen.

Sagenhafter *Drachenkampf* in der Darstellung eines großen deutschen Malers aus unserer Zeit: von *Hans Thoma*. Das Bild ist 1897 gemalt (im Besitz von Henry Thode in Heidelberg).

Der Drache hat hier eine molchartige Gestalt ohne Flügel, der Kämpfer erscheint als nackter Idealheld auf lichtweißem Roß

Wieder aber wird die alte Sehnsucht zum Allvater, der das Licht erschafft, zur Eva, die durch das böse Versuchertier fällt und die Menschheit unglücklich macht, bis der Lichtgott sie wieder versöhnt. Im tiefsten Mythus erliegt der Held-Befreier wohl selber noch einmal im Kampfe, er opfert sich auf – aber sein Werk besteht.

Bild will sich an Bild reihen, wenn man mit diesen Gedanken durch die Völker geht, und schließlich will es erscheinen, als sei der Niederschlag des Größten darin, das die Menschenseele, die sich ihrer selbst bewußt wurde und ihrer eigenen Wandlungen, überhaupt gedacht.

Gerade wegen dieser Größe aber muß auch jeder Einzelzug der verdeutlichenden Symbolik, in die sich das eingekleidet, schließlich für sich interessant werden.

Und hier ist nun doch sehr merkwürdig, wie in diesem ewigen Mythus das Böse, das Scheusal, das ewig zu überwindende Tier seit ältesten Zeiten immer doch auch in einer ganz charakteristischen Gestalt aufzutauchen scheint.

Es tritt auf – wenn wir ein bei uns Deutschen umlaufendes und jedem verständliches Wort gebrauchen wollen – als »*Drache*«.

In unserer engeren, germanischen Sage ist Siegfried der »Drachentöter«, genau wie später jener heilige Georg. Alles phantastisch Scheußliche wird scheinbar auch in diesem Drachen vereint. Er blutet Gift, haucht feurig-versengende Glut, ist gewappnet wie mit Eisenstangen, liegt mit ungeheurem Leibe viele Klafter weit. In manchem ist er auch, seinem Mythus gerecht, eigentlich nur ein verkapptes menschliches Bosheitswesen als eine Art Gegenmensch, Tiermensch.

Aber betrachten wir sein gangbares Bild näher, so will sich doch auch eine *recht genaue* Tiergestalt immer wieder mit größter Zähigkeit hineinfügen.

Seit Babyloniertagen durch alle Völker hat die Menschheit auch in dieses Tier des Lichtkampfes etwas unverkennbar *Reptilisches* hineingesehen. Ein ungeheures, gefährliches Reptil oder ein ganzes Geschlecht solcher.

Die Drachen sind riesige, ungeschlachte Schuppentiere, etwas schlangenhaft, aber doch mit bekrallten Beinen, mit furchtbarem Krokodilmaul – obwohl geflügelt, meist fledermaushaft geflügelt, doch stets mit einem harten Schuppenpanzer des typischen Reptils, der mühsam durchbohrt sein will.

Wie ist die Menschheit gerade auf *dieses* Bild gekommen?

Auch solche symbolischen Gestaltungen sind ja meistens nicht ohne irgendeinen besonderen Bezug. Um das Größte ihrer *inneren* Erfahrung auszudrücken – hat nicht diese Menschheit auch hier ein schreckhaft dämonisches Bild ihrer äußeren Erfahrung benutzt, das sich ihr irgendwo und irgendwie, einmal oder öfter, aber jedenfalls überaus nachhaltig aufgedrängt . . .?

Es ist doch auch eine leise, aber berechtigte *zoologische* Frage, die sich hier einmischen will, und sie muß bedeutend werden eben durch das Bedeutende, dem ihr Gegenstand sich als Symbol geboten.

Es hätte ja schließlich auch ein anderes Tier sein können, als gerade ein furchtbares Reptil. Etwa ein Löwe oder ein Stier. Im sog. Mithraskult, den einst die römische Besatzung an den germanischen Rhein und Main brachte, spielte gelegentlich die Opferung eines solchen Stiers durch den Lichtmenschen eine Rolle: das schlichte Volk deutete in die Altarbilder, wo sie zum Vorschein kamen, doch sofort seinen echten Reptildrachen wieder hinein. In China, wo die Symbolik selbst zum Teil ganz andere Wege gegangen, ist das reine Reptilbild des Drachen stets fast zum Überdruß durchgeführt. Und noch heute lebt es völlig fest bei uns fort. Ich habe es als Kind von einem alten Bonner Dienstmädchen noch so als Volksgut mitbekommen, in der Dialektform »Track« dabei für Drache und folgerichtig als ein ungeheures Flugreptil, das im Drachenfels hauste und die vorbeiziehenden Menschen fraß. Jeder moderne Künstler wird die Unholde noch je nach seiner eingehenderen oder schwächeren Reptilkenntnis so darstellen, auf dem Theater werden sie bei Wagner so als etwas Selbstverständliches gespielt.

Der Zoologe aber fragt: was ist das eigentlich für ein seltsames Riesentier, das hier Modell gestanden haben könnte?

Neueste plastische Darstellung des Drachen der *Siegfriedssage* im Nibelungenfilm (Foto Ufa). Der Drache mit hohem Rückenkamm hat wohl absichtliche Ähnlichkeit mit gewissen reptilischen Sauriern der Urwelt.

In unserem Zoo, der die ausgesucht gefährlichsten und größten Bestien sonst vereinigt, seien sie nun behaart, befiedert oder beschuppt, will doch eigentlich nichts so recht dazu passen. Die Sagen sind aber alt. Ist hier ein Tier innerhalb der Menschheitszeit verloren gegangen, das etwa der Urgermane oder der Babylonier oder der Altchinese noch leibhaftig gekannt hätten? Die Menschheit hat ja noch in jüngeren und jüngsten Tagen so manches überlebt. Das unter unsern Augen ausgerottete südafrikanische Quagga, den nur noch ausgestopft vorhandenen Riesenalk, die nicht einmal so mehr anwesende Stellersche Seekuh. An dem Stadttor von Babylon, das Nebukadnezar um 600 v. Chr. der Göttin Istar geweiht und die deutsche Orientgesellschaft in unseren Tagen unter dem Schutt wieder herausgegraben hat, sieht man in noch heute strahlenden Emailfarben grade neben solchem »Drachen« auch den gewaltigen Wildstier, den Ur (*Bos primigenius*), abgebildet, von dem sie damals dort noch unmittelbare Überlieferung besaßen, während er gegenwärtig ebenfalls als Wildart völlig von der Erde verschwunden ist.

Unwillkürlich überlegt man, wo auch sonst in älterer Literatur ähnliche Tiere noch beschrieben sein könnten, und zwar jetzt nicht bloß symbolisch, sondern real.

Ob *alte Naturgeschichten* noch einen Anhalt zu geben vermöchten?

Wir haben allerdings keine solchen von den Urbabyloniern oder Altgermanen. Die eigentliche Mythenzeit schrieb noch keine zoologischen Lehrbücher. Und noch lange auch in die helle Kultur hinein war die Tierbeschreibung und Tiersystematik durchweg unglaublich zurück gegenüber der oft schon unvergleichlich glänzenden Tierskulptur in der bildenden Kunst religiösen oder heroischen Inhalts. Aber man ist doch überrascht, was für eine Masse Stellen in der jüngeren Antike, bei Spätgriechen und Römern, auch profan ohne Sage den »Drachen« erwähnen wie etwas auch tierkundlich damals noch allgemein Geläufiges. Man hat vielfältig den Eindruck, daß er weit besser bekannt war, als etwa das Nashorn oder das Nilpferd, und daß ein Mensch als jeder Bildung bar gelten mußte, der an seinem Bestehen zweifelte.

Und so tritt man mit wirklicher Spannung an den Altmeister aller neueren Tierweisheit heran, der jenseits des zoologisch ganz ungebildeten Mittelalters auch hier die eigentliche wissenschaftliche Renaissance wieder bezeichnete – ob bis zu ihm wenigstens dieser Faden ebenfalls noch reiche.

Ich meine *Konrad Gesner* mit seinen gewichtigen Tierfolianten im 16. Jahrhundert.

Gesner (diese alte Schreibweise empfiehlt sich gegenüber Geßner, dem viel späteren bekannten Idyllendichter) ist eine noch immer viel zu wenig gewürdigte Prachtgestalt. In Zürich unter ärmlichen Verhältnissen geboren, arbeitete er sich mit der bewundernswerten Kraft wie Bescheidenheit der Gelehrten jener jungen und mutigen Tage bis zu einem der ersten Philologen seiner wissenschaftlichen Mitwelt empor, wurde Professor der griechischen Sprache, warf aber dann das Steuer seines Geistesschiffleins noch einmal völlig herum, bildete sich zum Arzt aus und verfaßte das entscheidende naturgeschichtliche Werk seiner Zeit. Als er, kaum auf der Höhe des Lebens, 1565 an der Pest starb – ein ebenso großer und allseitig verehrter Mensch, wie glänzender Pionier seiner Forschung – lagen vier Bücher Tierkunde vor, davon bereits der erste Band über 1150 Folioseiten stark; die entsprechende Pflanzenkunde unterbrach der frühe Tod.

Auch in diesen Bänden verleugnet sich der Kenner der Antike nicht, der zugleich noch dem Glauben seiner Schule an den Wert jeder antiken Überlieferung unterlag. Lateinisch geschrieben, vereinigen sie zunächst alle Quellstellen dort auch für den zoologischen Stoff, bereichern aber überall auch aus eigener Naturbeobachtung und Ausnützung einer uferlosen wissenschaftlichen Korrespondenz. Wobei vor allem Gewicht gelegt ist auch auf eine umfassende Illustrierung in koloriertem Holzschnitt, der von dem Züricher Verleger Froschauer mit typographischer Meisterschaft herausgebracht ist.

Manches an diesen Bildern mutet heute naiv an, anderes und Näherliegendes besonders der heimischen Tierwelt ist dagegen von einer geradezu verblüffenden Naturwahrheit. Wesentlich mit diesem »Bilderbuch« wollte Gesner auch aufs breite Volk wirken. Und der hemmenden Gelehrsamkeit seiner dicken Lateinbände sich wohl bewußt, ließ er zu ihnen auch selber noch volkstümliche Bearbeitungen im Schweizer Dialekt der Zeit durch befreundete Kräfte (hauptsächlich einen Winterthurer Arzt Forer) besorgen, die als solche nun erst den hergebrachten

»Gesner« darstellten, wie er zwei Jahrhunderte lang, bis auf die mehr systematische Epoche Linnés, die Kunde vor allem vom Tierleben und von der äußeren Tiergestalt volkstümlich wie wissenschaftlich tragen sollte.

Es wirkt geradezu rührend und vorbildlich für heute, was für hohen Wert Gesner selbst der volkstümlichen Tierbeschreibung in Hinsicht auf Bildung und Kultur einer Zeit beilegte. Hat er doch noch in seinem Testament für seine eigenen Nachkommen angeordnet, daß sie sich alljährlich einmal zu einem Liebesmahl versammeln, aus einem goldenen Becher trinken und seine Tierbilderbücher betrachten sollten, um ihre Kinder zu ebensolcher »Lehr oder sonst zu guten und ehrlichen Künsten und Übungen« zu erziehen.

Bereits beim Durchblättern des Säugetier- und Vogelbandes merkt man nun, daß auch Gesner gelegentlich noch das eine oder andere Tier *mehr* hatte als wir. Bald sind es ebenfalls problematische Sagentiere, wie das bis heute nie recht identifizierte Einhorn. Bald doch auch solches ältere, nur ausgerottete Volk, wie jener Ur, den auch er abbildet, oder der Waldrapp, ein Ibis, der damals noch als heimisch in der Schweiz nistete, heute aber dort so gänzlich verschollen ist, daß man erst durch Gesner selbst wieder auf ihn geführt wurde.

Das Interesse für unsern Zweck vereinigt sich also auf den Teil, der von den Reptilien handelt. Im ersten Halbbande dort, von den eierlegenden vierfüßigen Tieren, findet sich noch nichts. Der zweite ist dann die Schlangenkunde. Leider ist dieses Buch, das des Gesamtwerks fünfter Band werden sollte, von Gesner selbst nicht mehr vollendet worden, sondern erst aus seinen nachgelassenen Papieren ans Licht gekommen – im Lateintext stärker so noch als die anderen eine fast reine Sammlung von Auszügen. Immerhin hat sich doch auch zu ihm noch ein (nicht genannter) zeitgenössischer deutscher Bearbeiter gefunden, der den ungeheuren Zettelkasten in eine recht hübsche Tierchronik vereinheitlicht hat unter dem lustigen Titel: »Schlangenbuch. Das ist ein grundtliche und vollkommene Beschreybung aller Schlangen, so im Meer, süssen Wassern und auff Erden ir wohnung haben, Sampt der selbigen conterfaitung: Erstmalig durch den Hochgelehrten weytberümpten Herrn D. Conrat Geßnern zusammen getragen unnd beschriben, unnd hernacher durch den Wohlgelehrten Herrn Jacobum Carronum gemehrt und in dise ordnung gebracht: An jetzo aber mit sondrem fleyß verteutscht . . . Getruckt zu Zürych in der Froschow 1589.« Heute selbst innerhalb der gesuchten Gesnerschen Texte in der Originalausgabe ein besonders seltenes Werk. (Eine neuzeitliche kritische Ausgabe der Gesnerschen Zoologie ist immer noch frommer Wunsch!)

Und richtig findet sich dort auch noch ein langes Kapitel vom Drachen: *De Dracone* – »von den Tracken,« wie der Bearbeiter mit dem schon genannten Volkswort übersetzt. Im Lateinwerk volle 24 Folioseiten mit mehreren bezeichnenden Holzschnitten.

Die riesigen alten Druckblätter scheinen selber in diesem Falle etwas Dämonisches zu haben. Man erhält das ganze Panorama aufgerollt aller farbenprächtigen *Drachenweisheit*, soweit sie in Gesners Quellen gegeben war – und, in der guten Absicht wenigstens, alles unter rein zoologischem Gesichtspunkt.

Inzwischen wird man aber doch gleich zu Anfang etwas stutzig gemacht und fast enttäuscht. Der Philologe in Gesner erklärt nämlich zunächst das Wort *draco*. Es gehe auf die griechische Verbalform für »scharf sehen«, sei aber im Gebrauch dort wortgleich für eine sehr alte und riesenhaft ausgewachsene einfache Schlange. Im deutschen Text: es werde »offt von den schlangen in gemein verstanden. Insonderheit aber sol man die jenigen schlangen, so groß und schwer von leyb, all an der grösse halb übertreffen, Tracken heißen. Sind derhalben gegen den schlangen, wie die grossen wallfisch gegen den andern fischen, zu achten«.

Sollte es sich also am Ende bloß um unsere *Riesenschlangen* handeln? Da wären wir doch im Zoologischen Garten und bei einem höchst vertrauten tierkundlichen Objekt.

Gesner verzeichnet als deutsches Wort auch »lindwurm«, aber auch in »lint« würde nur ein altdeutscher Ausdruck für Schlange stecken. Und es ist nicht zu leugnen, daß eine ganze Menge der folgenden Sachangaben zunächst auf solche Riesenschlangen passen, wenn man die nötigen antiken Übertreibungen mit in Kauf nimmt.

Von 30 Fuß bis 80 Ellen sollen die afrikanischen und indischen *»dracones«* messen. (Bekanntlich sind unsere echten Riesenschlangenmaße bis heute außerordentlich mit Phantasie angelängt worden, wie man bewegte Schlangen ja überhaupt mit dem reinen Augenmaß zu überschätzen pflegt; 9 m scheinen auch die größte südamerikanische Anakonda und der stärkste altweltliche Python nicht viel zu überschreiten; wie ebenso die Angriffslust gegenüber dem Menschen heute berechtigtem Zweifel unterliegt.)

Sie töten Elefanten durch Umstrickung, wobei man immerhin an Hagenbecks Gitterpython denken mag, der hintereinander zwei Ziegenböcke verschlang, und auch in der Übertreibung die Schlange erkennt. Schleichen auf dem Bauch, haben gespaltene Zungen, können lange hungern, fressen dann aber um so mehr, schwimmen zusammen in Klumpen verstrickt, leben von Äpfeln, Eiern, Vögeln – lauter reine Schlangenzüge überhaupt.

Es würde sogar gerade auf die Riesenschlangen als engere Familie passen, wenn es nach gewissen Autoren wenigstens heißt: »Die Tracken haben wenig oder gar kein gifft.« Und nicht minder stimmen die ethnographischen und geschichtlichen Angaben über indischen Schlangenkult und das heilige Tier des Äskulap dazu.

Aber wieder wird man auch dabei stutzig, wenn man hört, daß solche »Riesenschlangen« in naher historischer Zeit auch die *griechischen Inseln* noch bewohnt haben sollen. »Die Insel Chios«, erzählt dramatisch genug der Deutschtext, »sol auff ein zeyt ein ungehewren grossen Tracken in einem dicken schattechten wald gezeüget haben, ab welches pfeyffen die eynwohner alda sehr erschracken. Und wiewol weder die bawren noch hirten sich dorfften herzülassen sein grösse zu besichtigen, so kondten sie doch auß dem grausamen pfeyffen gnügsam abnemmen und ermässen, das es ein groß erschrockentlich thier sein würde. Zu letst haben sie durch ein wunderbar mittel sein grösse erkundiget, und daß wunder zum end gebracht. Denn als ein starcker hefftiger wind gieng, unnd auß zusammenschlahung der böum der Wald angezündet ward, umgabe das fheür den tracken überall daß er nit mocht entrünnen, ward derhalben durchs fheür verzehrt unnd außgemacht. Wie nun der gantz wald abgebrannt was, da fanden die Chij sein kopff und gebein, welche mercklich groß und scheußlich anzusehen, genügsame anzeigung gaben wie ungehewr und erschrocklich er gewesen were«.

Ja, die gute Schweiz selber müßte Riesenschlangen-Land gewesen sein. Laut Johann Stumpfs Chronik haben sie ihre Höhlen dicht unter dem Alpenschnee (man denkt an das Mignonlied und Böcklins grünen Unhold). »Gleich im anfang als das Schweytzer land erstlich bewohnet unnd geseubert ward ein grausamer track darinnen gefunden, ob dem dörfflin Wyler, der vertrib leut und wych (daher daß dörflin Oedwyler genennt ward), auff das erbot sich ein landtmann (genennt Winckelriedt) so von eines todschlags wegen daß land meiden müßt woh man in widerumb mit gnaden einnemmen, wölte er den tracken umbbringen, daß ward jm mit fröuden zugelassen. Nach dem er aber den tracken bestritten hat, warff er von stund an den arm fröhlich auff, darinn er das blütig schwert hatt, wegen deß siegs frolockende, dadurch sprang jhm daß tracken bluet an leyb, daß er darvon sterben müßt.« (Ersichtlich weht hier im Schluß ein Hauch Siegfriedsage ein, es sei aber erwähnt, daß laut Tschudi in seinem trefflichen »Tierleben der Alpenwelt« noch bis in unsere Tage im Berner Oberland und Jura überall der Glaube an den *»Stollenwurm«* als ab und zu umgehendes drachenhaftes Ungeheuer fortlebte. Der Versuch einer rein sprachlichen Umdeutung der Drachenmythe auf ausbrechende Gebirgswildwässer und ähnliche sich der Volkserinnerung einprägende Naturkatastrophen kann demgegenüber wohl ganz außer acht bleiben.)

Künstlerische Verkörperung der Schweizerischen Überlieferung von einheimischen Drachen durch *Arnold Böcklin* (1827-1901). In schauriger Felsenschlucht flüchten erschreckte Kaufleute über eine schwindelnde Brücke, während sich oben gefahrdrohend der Drache aus seiner Höhle vorschiebt. Das grüne Ungeheuer, mit sehr langem Halse und Flossen gedacht, erinnert in einigen Zügen an den urweltlichen Meersaurier Plesiosaurus, (Mit Genehmigung der F. Bruckmann A.-G., München)

Und je weiter man bei Gesner liest, desto stärker mehren sich doch auch die nicht schlangenhaften Züge, als wachse so sachte hinter das Riesenschlangenbild jetzt noch eine ganze andere Gestalt.

Den »*dracones*« werden plötzlich *krokodilhafte Tatzen* zugeschrieben. Gesner selbst fühlt, daß hier ein Widerspruch liege: es sei das wohl ein selteneres Geschlecht neben dem rein schlangenhaft kriechenden. Es ist aber offenbar nur das Signal für alle möglichen andern Merkmale riesiger Eidechsen jetzt.

Wasser- und Landformen soll es am gleichen Orte nebeneinander geben. Kämme sollen sie haben, und zwar gerade der Landtyp, die anfangs klein, im Alter lang und schlapp werden und je nach dem Geschlecht da sind oder fehlen, auch Bärte und Wammen.

Bald werden diese Drachen als durchweg schwarz bezeichnet, bald als bunt mit Metallglanz.

Gelegentlich schweift der Bericht leise von seiner Linie selber ins Mythologische ab, doch gerade so den Anschluß, von dem wir ausgingen, wahrend. In einen Drachen mit dem Gesicht einer Jungfrau habe sich der paradiesische *Teufel* verkleidet, als er die Eva betörte. Die Dichter haben die Drachen zu *Schatzhütern* gemacht, was der brave deutsche Bearbeiter mit dem moralisierenden Sätzlein abtut, sie hätten wohl »dardurch die groß gefahr, so gelt und guet mit sich bringt«, andeuten wollen. Sie lieben aber auch schöne Mädchen – leise klingt die Heldensage wieder an, vermischt doch mit rührseligen Anekdötchen von Tierfreundschaften und der wieder schlangenhaften »Hausunke« unseres Volksmärchens. Aber das Zoologische gewinnt stets erneut die Oberhand.

Und nun bringt es das Allerseltsamste auch von seiner Seite vor. Ob die Drachen auch *geflügelt* sind?

Nach den alten Quellen gebe es offenbar wieder beides: geflügelte und ungeflügelte. Die geflügelten in der Regel mit einer Art häutiger, gesteifter Fledermausflügel. Auf dem Holzschnitt erscheinen dazu nur zwei Füße, so daß unklar bleibt, ob die Arme wie bei solcher echten Fledermaus in die Flügel anatomisch verarbeitet zu denken wären. Doch scheint im allgemeinen der Drachenflügel als reiner Hautflügel gedacht zu sein, der unabhängig von den Gliedmaßen noch einmal nach der Weise von Schmetterlings- oder Amorettenflügelchen den Schultern ansitzt.

Der Drache als angebliches wirkliches *Tier in der wissenschaftlichen Naturgeschichte des 16. Jahrhunderts.* Das Bild gibt eine Druck- und Bilderprobe aus dem lateinischen Text des

»Schlangenbuches« des großen Züricher Tierkundigen *Conrad Gesner*, gedruckt 1587, nämlich den Anfang des umfangreichen Kapitels dort *De Dracone* (Vom Drachen). Die drei Holzschnittfiguren zeigen oben links den Drachen bloß in Gestalt einer sehr großen ungeflügelten Schlange, darunter als Flügelschlange, und rechts als völlig unabhängiges Wesen mit häutigen Flügeln und zugleich Klauen. In allen drei Formen wird er im Text des Werks als möglich vertreten

Eigenartigerweise sollen aber auch gerade diese Flugdrachen bis zu uns im Norden vorkommen. Denn »es sind auch tracken in lüfften schwebend offt in Theütschen landen bey Sonnenschein gesehen worden. Zu nechst bey Niderburg (nit weyt von S. Guer [St. Goar] am Rein gelegen) haben die eynwohner alda drey unterschidne Sommer bey helem tag ein tracken im lufft gesehen, als wenn er hieng und den schwantz erschüttete«.

Eine Weile versucht Gesner ja auch hier noch zur Schlange zu biegen. Ob es nicht zoologisch von je auch geflügelte echte Schlangen gegeben habe und noch gebe? Was er aber in dieses engere Bild hineinzeichnet, geht recht erstaunlich diesmal in die bescheidensten Liliputanermaße. In Indien gibt es für ihn solche Flugschlangen, die auf Bäumen sitzen und nur nachts ausfliegen, wobei bloß ihr »bruntz tropf, so sie fallen lassen« anderen Wesen gefährlich wird – man wird fast an Fliegende Hunde erinnert, also die großen fruchtfressenden Fledermäuse der Tropen. In einer Geschichte aus Herodot werden solche Schlangenflieger von den ägyptischen Ibisvögeln in Masse vernichtet, wovon der alte Grieche die Knochenreste selber noch in Haufen liegen gesehen haben will: bei der kleinen Statur des Ibis zweifellos doch auch nur ein Pygmäengeschlecht. Einmal, in neueren Tagen, soll sich ein Exemplar davon aber lebendig sogar nach Europa verflogen haben, denn »wie wol sölche thier in Frankreich frembd und ungekannt, so ist doch zur zeyt deß Königs Francisc nit weyt von Roschella ein solche fligende schlang von einem pauren, an den sie zu flog, mit dem karst erlegt unnd erschlagen, auch hernacher für den König gebracht unnd ihnen gezeigt worden, aldah haben sie vil glaubwirdige und geleerte leith gesehen, welche vermeint, sie were durch windstürm über mehr geworffen und also daselbst ankommen«. Und andere ähnliche Proben seien in Sammlungen gekommen, wobei sich aber wieder verblüffend herausgestellt habe, daß auch diese Fledermausschlangen Füße besaßen. »*Cardanus* schreibt: er habe bei einem zu Paris fünff außgedorrte fliegende schlangen gesehen, die zu ungleycher zeyt auffbehalten, von gestalt aber ein ander änlich gewesen. Sie hatten zwey füß und so kleine flügel (spricht er), daß sie meines bedunckens kaum hetten damit fliegen unnd sich in lufft schwingen mögen, die köpff waren klein unnd wie schlangen köpff formiert, von Farb heiter, ohn federen unnd ohn haar, die gröste under jnen was so groß als ein küniglin, kein mensch hette diese figuren oder cörper einander so gleych gestalten und schneiden können: darzu hette man inen ohn alle zweyfel grössere flügel angesetzt, auff daß die figur desto weniger verdechtig were worden.« Die Tiere kamen aus Indien und wurden trotz ihrer Winzigkeit auch »Drachen« genannt. Cardanus ist der große Mathematiker und Arzt von Pavia, die Stelle nach einem seiner Werke von 1557. Man könnte sich mit dem durchaus kritischen Bericht dem »Drachen« ganz auf der Spur glauben, wenn sich nicht eben die ausgesprochene Winzigkeit des Objekts (Größe eines Kaninchens!) entgegenstellte. Aus dem zeitgenössischen französischen Zoologen Belon wird ein Holzschnitt beigefügt, der mit einiger Stilisierung vielleicht auf die gleichen Präparate zurückgeht.

Bild eines getrockneten Präparats einer angeblichen »*geflügelten Schlange*« mit zwei Füßen, das der französische Zoologe *Pierre Belonso* im 16. Jahrhundert selbst gesehen haben will. Die Figur wird von ihm und im Zusammenhang mit der Naturgeschichte des »Drachen« auch in *Gesners »Schlangenbuch«* von 1587 mitgeteilt. Möglicherweise könnte es sich dabei um ein sehr entstelltes Exemplar der wirklich lebenden geflügelten Eidechse *Draco volans* von den Sundainseln handeln. Vgl. dazu auch Seite 68 unseres Textes.

So läuft der Zettelkasten des großen Gesner bis schier ins Unendliche. Zu allen Dingen und Namen, an die das Wort Drache nur irgendeinmal anklingen könnte – bis zu danach benannten Pflanzen und Sternbildern oder zu Antiquitäten, wie der Tatsache, daß die Feldzeichen der Römer Drachengestalt zeigten. Schließlich aber doch auch so nur die Weite des Begriffs und des Interesses durch die ganze Menschheitsgeschichte aufweisend.

Man legt die schönen Folianten, deren Reiz hier nur angedeutet werden konnte, aus der Hand und denkt nach.

Ob trotz allem der »Drache« rein auf die *Schlange* zurückgeführt werden könnte?

Es ließe sich dafür noch ein allgemeiner Gesichtspunkt geltend machen.

Gesner selbst erwähnt Schlangenkulte. In der Tat geht solcher religiöse Schlangendienst seit alters durch die verschiedensten Natur- und Kulturvölker bis sogar in das vorkolumbische Amerika. Es ist allerdings anzunehmen, daß er selbst ursprünglich weniger bei der Riesen-, als vielmehr der Giftschlange angeknüpft hat. Der tückische Giftbiß eines fast überall verbreiteten, gewandten, schon verhältnismäßig hoch entwickelten Wirbeltiers ist zweifellos von früh an eines der unheimlichsten Erlebnisse in der ganzen Natur für den Menschen gewesen. Je unheimlicher, bedrohlicher, unberechenbarer aber ein Ding, desto näher auch in der Volksseele seine Aufnahme in einen Kult, seine Heiligung und Schutzanbetung; das ist eine überall erneute Erfahrung.

Wieder in diesem Schlangenkult hat aber nun auch das zoologische Bild der Schlange selber vielfach eigene symbolische Umwertungen und Ausschmückungen erfahren. So verknüpfte man gelegentlich die einfache irdische Schlange mit der noch viel furchtbareren Himmelsschlange, dem *Blitz*. Beide kamen in geschlängelter Linie daher, schnell wie die Schlange biß, schlug die

Blitzschlange ein. Die symbolische Vergleichung aber machte die Schlange selbst zur »Wetterschlange«, und da sie als solche aus den Wolken flog, wurden ihr im Kultbilde Flügel angedichtet, während ihre Zunge zugleich als wirkliche rote Feuerflamme züngelte.

Ob auf diesem Wege auch der Drache in der Völkerphantasie zu Flügeln gekommen sein könnte und zum Feuerspeien?

Diesen *Flammenatem* hat ja Gesner als offenbar zu kühn und unzoologisch aus seinem ganzen Material bereits fortgelassen – er spricht nur ein paarmal vom Pestilenzhauch des sichtbaren Atemdampfs. (Wobei ich immerhin erwähnen will, daß man bei auftauchenden Delphinen eine Lichterscheinung über dem Atemloch gesehen hat und daß die afrikanische Giftschlange *Naia nigricollis* ihren Speichel meterweit auf Angreifer schleudert, indem sie sehr genau nach den Augen zielt.)

Der Gedanke hat jedenfalls in dieser Gestalt etwas Verführerisches und ist öfter (z. B. von Heinrich Schurtz) vertreten worden. Er würde nebenbei erklären können, warum der Drache noch heute in China nicht als ganz verderblich gilt, wie ja auch der Blitz nicht bloß verheert, sondern ebenso den Fall des langersehnten wohltätigen Regens aus der Wetterwolke begleitet. Wer sich hier hingäbe, könnte also meinen, mit dem »Drachen« bereits mythologisch wie naturgeschichtlich »fertig« zu sein. Ich möchte den Leser gleichwohl noch ein Stück weiter bitten, wenn auch mit aller Vorsicht.

Denn völlig überzeugen kann mich auch diese Kultdeutung nicht. Man müßte, was Gesner selbst einmal anregt, mindestens noch das *Krokodil* daneben heranziehen, nachdem auch dieses böse Ungeheuer im Altägyptischen genügend Kultobjekt war und es zum Teil heute noch in Indien ist. Der Judendrache Leviathan in einer berühmt gewordenen Schilderung des Buches Hiob (Kap. 40 und 41) zeigt mehrere so ausgesprochene Krokodilzüge, daß es geradezu für eine Sensation galt, als das Krokodil neuerlich auch für Palästina noch lebend nachgewiesen werden konnte. Dabei spukt bezeichnenderweise auch dieser biblische Krokodildrache aber Feuer, obwohl in ihm unmöglich eine Blitzschlange stecken kann.

Doch auch das langt gewiß nicht überall. Es erschiene bereits als reichlich kühne Idee, etwa den besagten chinesischen Drachen mit seinen Flügeln und Hörnern und seinem ungeheuren Raum dort in Kunst wie Volksglauben eindeutig bloß auf den von unserer Wissenschaft erst spät entdeckten kleinen Alligator des Jangtsekiang, der sich harmlos von Fröschen und Wasserschnecken nährt, zurückführen zu wollen.

Man sehe sich aber den oben erwähnten »*Drachen von Babylon*« auf seinen noch erhaltenen glänzenden Ziegelreliefs an. »In den eynödinen, da vor zeyten die alt statt Babylon gestanden, söln auch viel ungehewre tracken ihr wohnung haben,« schreibt der deutsche Gesner, und der Satz entbehrt nicht einer kleinen Pikanterie in Rücksicht auf die wirklich dort zutage gekommenen wenigstens bildlichen Drachen. Die Tiere sind auf andersfarbigem Grund in zwei Farben, gelb und weiß, gegeben, und zwar durchaus mit der gleichen Lebendigkeit bei nicht allzu starker Stilisierung, wie die uns noch kontrollierbaren Seitenstücke jenes Urstiers und des Löwen von Babylon an derselben monumentalen Stelle. Auf den ersten Blick sieht man, daß auch hier ein beschupptes Reptil dargestellt sein soll, womit besonders im züngelnden Kopf ein gewisser Schlangenzug, ich möchte sagen, ideell unvermeidlich war. Aber der Gesamtumriß ist deshalb doch nichts weniger als eine Schlange und ebensowenig ein Krokodil. Ein sehr hochbeiniger, fast katzenhaft leicht herankommender Vierfüßler mit dem kleinen Kopf auf sehr langem, mit einem Kamm versehenen Halse und einem entsprechend hochgereckten Schweif, der in einen Stachel ausläuft. Auf dem Haupt ebenfalls etwas kamm- oder hörnerartiges. Die Klauen vorne Panther und hinten breitspannender Vogel, als sei hier die Funktion nicht ganz einheitlich gewesen. Man glaubt eine völlig charakteristische Tiergestalt zu sehen, die doch keiner irgendwo bekannten lebenden zunächst ähneln will. Von Flügeln ist hier keine Spur angedeutet, was die Wahrscheinlichkeit nur erhöhen kann.

Man wird mir zugeben, daß kein Drachenbild irgendeiner Zeit einen so gespenstischen Wirklichkeitszauber ausübt wie dieses. Eine unheimliche Idee, daß solches Geschöpf dort noch gesehen worden oder doch in greifbarer Überlieferung geläufig gewesen wäre.

Und wir erinnern uns unwillkürlich dabei der allerdings viel späteren, in den biblischen Apokryphen überlieferten und wohl halb humoristisch dort gemeinten Anekdote vom »Drachen zu Babel«, wo von einem Drachen die Rede ist, der am Hof des babylonischen Königs lebendig, sozusagen im Zoo des Tempels, gehalten wird und den der Prophet Daniel zum Beweis, daß kein wirklicher Gott in ihm stecke, durch eine Pille aus Pech, Fett und Haaren zum Platzen bringt. Auch im modernen Berliner Zoo ist gelegentlich ein großes Nilpferd elendiglich an einem verschluckten Kindergummiball zugrunde gegangen. Wenn es aber ein solches Geschöpf wie auf dem Bilde dort noch hätte sein können . . .? Keine Schlange. Kein Krokodil. Aber was?

Wir blättern noch eine halbzoologische Quelle, eine der letzten über den »Drachen«, auf: den Folianten des geistvollen Jesuitenpaters *Athanasius Kircher* vom *Mundus subterraneus*, von den Wundern der unterirdischen Welt – vom Jahre 1665, also rund nochmals hundert Jahre später als Gesner.

Auch Kircher kommt, obwohl in einem gänzlich andern Zusammenhang, noch einmal auf den Drachen zurück, dessen Dasein er als solches schon wegen der Bibelstellen für gewährleistet hält. Manche meiner Leser werden sich einer reizenden, obwohl im einzelnen heute etwas veralteten Geschichte von Jules Verne erinnern, in der ein deutscher Professor auf Island in einen erloschenen Vulkan klettert, um zum »Mittelpunkt der Erde« zu gelangen, und in der Tiefe ein ungeheures Meer in erhellter Riesenhöhle entdeckt, in dem noch die Ichthyosaurier und Plesiosaurier der Urwelt fortleben. Ähnlich, doch in seinem Glauben wenigstens halbwissenschaftlich, sucht Kircher die Rätsel der Erdentiefe zu lösen, zeigt die Erde durchschnitten wie eine Zitrone, mit der Märchenpracht ihrer unterirdischen Quellbecken und Zentralfeuer. Dabei aber faßt auch er die Drachen als die schaurigen Bewohner dieses Tartarus, die dort wie Olme und Höhlenkäfer für gewöhnlich hausen und nur ab und zu einmal zum Verderben der Menschheit sich auch an die Oberfläche verirren. Und um das glaubhaft zu machen, wird noch einmal mancherlei interessantes Drachenmaterial ausgegraben, das sogar Gesner nicht hat, und ebenfalls im saubersten Holzschnitt der schönen Holländer Folioblätter verewigt.

Geheimnisvolles Tierbild aus der Zeit des Nebukadnezar (um 600 v. Chr.), das am Istartor von Babylon neben Löwen- und Urstierbildern gefunden und als der in den Apokryphen der

Bibel erwähnte »*Drachen zu Babel*« gedeutet wurde. Nach dem Apokryphen-Bericht wäre ein solcher großer Drache zu Babylon lebendig gehalten worden. (Nach F. Langenegger, Durch verlorene Lande)

Wieder hören wir vom Schweizer geflügelten Drachen, der gelegentlich am Pilatus ausschwärmt – vor allem aber bietet sich diesmal der lateinische Bericht über jenen »Kampf mit dem Drachen« auf der Insel Rhodus, der uns allen von der Schule durch Schillers Ballade geläufig, auch er geziert mit dem amüsantesten Originalkonterfei dieses »historischen« Scheusals selbst. Der Hergang ist, bis auf eine hübsche Schlußpointe weniger, der gleiche wie bei unserm großen Dichter. Belehrend aber die genaue Datierung und »zoologische« Beschreibung.

Das Jahr wird mit 1345 angesetzt, also in immerhin schon recht helle Geschichtszeit, über zwei Jahrzehnte nach Dantes Tod und auf der Lebenshöhe des großen Petrarca; um nur zwei Namen zeitgenössischer Hochkultur herauszugreifen. Der tapfere Ordensritter ist Deodatus de Gozo. Die »zoologische Diagnose« des Drachen aber wie folgt.

Der Körper von Stärke eines großen Pferdes oder Ochsen. Hals lang und einen Schlangenkopf (auch hier offenbar unvermeidlich) tragend mit maultierhaften »Ohren«. Ein schärfstes Gebiß, große feurige Augen, vier Füße mit Bärenklauen, im Schwanz und übrigen ausdrücklich krokodilähnlich. Der ganze Leib mit einem harten Schuppenpanzer. Zwei häutige Flügel, auch diesmal frei aus den Seiten wachsend ohne Anschluß zu Arm und Hand. Bunteste Färbung. Stürmt in dieser Aufmachung unter mächtigem Gerassel und Zischen, halb laufend, halb von den kurzen Flügeln schwebend getragen, schneller an als das gewandteste Roß. Wie die Schilderung und auch das offenbar sehr stilisierte Bild andeuten, waren die Hautflügel zum eigentlichen freien Erheben des schweren Leibes in die Luft zu schwach. Der Atem ist giftig gedacht, nicht eigentlich feurig.

Auch Kircher gibt zum Vergleich noch den Holzschnitt eines jener kleinen zweibeinigen Drächelchen vom Schlage der geflügelten Schlangen Gesners, doch ohne Flügel. Diese Miniaturgeschöpfe der Sammlungen sind nach ihm nur junge Exemplare der ausgewachsenen Riesen. Die Sage vom Feuerspeien der Drachen aber sei wohl darauf zurückzuführen, daß sie im Dunkeln wie faules Holz oder Johanniskäfer glimmten.

Jenseits Kirchers verliert sich der Drache aus der modernen Zoologie und verfällt schließlich ganz der Allegorie und Heraldik.

Im deutschen *Linné* von 1774 (Ausgabe von Statius Müller) liest man bereits, daß, seit man »die Glaubwürdigkeit der Nachrichten in der Naturgeschichte genauer zu prüfen angefangen, auch nicht gern mehr etwas annimmt, das nicht von zuverlässigen Personen ist gesehen und untersucht worden«, »alle Drachen der Alten« samt ihren »lächerlichen Figuren« »auf einmal verschwunden« seien.

Der Drache als angeblicher Gegenstand der Naturgeschichte noch *im 17. Jahrhundert:* Bild
des berühmten großen *Drachen von der Insel Rhodus,* von dem *Schillers Ballade* handelt,
mitgeteilt in dem Werke über die Wunder der unterirdischen Welt (*Mundus subterraneus*) des
gelehrten Jesuiten *Athansius Kircher* von 1665. Die Umschrift feiert ihn als den geflügelten,
vierbeinigen Drachen, den Deodatus de Gozo als Ordensritter auf Rhodus erlegt habe. Im
Text wird das Jahr des Drachenkampfes mit 1345 n. Chr. angegeben.
Inzwischen läuft auch die Naturforschung in Arabesken.

Wieder fünfzig Jahre nach dem meisterlichen Ordner Linné begann jene *Auferstehung der
Urweltler* vom Sauriergeschlecht.

Ein zweites Bild eines kleinen (jungen) »Drachen« aus dem *17. Jahrhundert,* das sich ebenfalls
bei *Athanasius Kircher* (vgl. vorige Abb.) findet. Es stellt ein langhalsiges, auch fast an den
urweltlichen Plesiosaurus gemahnendes, ungeflügeltes, aber nur zweifüßiges Geschöpf dar, das
angeblich im 16. Jahrhundert in Italien erbeutet wurde und als Präparat in die Sammlung des
italienischen Naturforschers *Aldrovandi* (gest. 1605) gelangte.

Diesmal eine wirkliche, wenn auch noch etwas anders gewandte »subterrane« Auferstehung
aus der großen Natururkunde des Gesteins selbst.

Die ersten wissenschaftlichen Wiederherstellungen der Tiere nach ihren mehr oder minder
vollständigen Gerippen erschienen und begeisterten alle Welt.

In dem Siebenweltwunderpalast von Sydenham bei London mauerten sie eine ganze Gruppe
solcher in den natürlichen Maßen wieder auf, was Hagenbeck nachher umfassender durchgeführt hat.

Waren das aber nicht doch die leibhaftigen »Drachen« jetzt – in Ausmaßen, wie sie die Sage
selbst kaum gewagt, grauenhafte Angreifer zum Teil, starrend von Zähnen und Panzern, mit
Kämmen und Hörnern der wildesten Phantastik, Meer und Land unsicher machend zu ihrer
Zeit, ja selbst durch die Luft schattend auf richtiger gesteifter Drachenflughaut – und das alles
wesentlich auch aus der Grundform eines riesigen Reptils von der Natur herausgeholt?

Seitdem ist die Frage nicht wieder abgerissen, ob *der Mensch nicht doch noch irgendwie mit
diesen Vorweltsdrachen zusammengetroffen sein* und ihr tatsächliches Bild in seinem Drachentraum
bewahrt haben könnte . . .

So nackt hingestellt, läßt auch diese Frage eine sehr verschiedene Behandlung zu.

Über ihre Magie ist kein Zweifel. Aber gerade deshalb scheint auch größte Vorsicht geboten.
Wie ein alter, kluger Jurist einmal gesagt hat: je verführerischer eine Beweisführung bis zur
Grenze des Dreinverliebens sei, desto nötiger, sie noch siebenmal siebenmal durch das kalte
Bad des nüchternsten Verstandes zu schicken.

Die hergebrachte Antwort der Fachwissenschaft ist nämlich völlig *verneinend*, und zwar stützt sie sich auf eine scheinbar unwiderlegliche Logik der Zeitbestimmung innerhalb der Urwelt selbst.

Die Blüte jener reptilischen Saurier lag im sogen. Mittelalter der Erdgeschichte, also in Trias, Jura und Kreide, wie der Geologe die Einzelperioden nennt. Mit Lauf und Ausgang der Kreidezeit kam dann das besagte »große Sterben«. Von da bis zur Gegenwart sind aber zweifelfrei noch wieder mehrere Millionen Jahre, verteilt auf Tertiärzeit, Diluvialzeit und engere Geschichtszeit, verflossen. Althergebracht wieder drei bis vier Millionen, es können aber auch noch einige mehr sein. Bekanntlich geht es mit diesen Zeitrechnungen dem Naturforscher heute etwas wie dem alten Chinaforscher Marco Polo, als er seinen verblüfften Zeitgenossen zum erstenmal von der unermeßlichen Volkszahl chinesischer Städte erzählte. Man nannte ihn im Scherz den »*messer millione*« (den Millionenhans), obwohl er, wie wir heute wissen, ein durchaus wahrheitsgetreuer Beobachter gewesen ist. So sind auch durch die gegenwärtigen radioaktiven Gesteinsdiagnosen[7] die oft belachten erdgeschichtlichen Millionenziffern statt kleiner, nur noch größer geworden. Bei gewissen mittelkambrischen Graniten kommt man jetzt bereits auf ein Durchschnittsalter von einer Milliarde von Jahren, und danach werden sich auch alle Maße der späteren Epochen noch beträchtlich strecken müssen. Bleiben wir aber auch nur bei vier Millionen seit der Kreide. So hätte in dieser Zeit keiner der bewußten Saurier selbst mehr gelebt. Wo aber taucht darin erst die Spezies Mensch auf?

Wir wissen doch: rein zoologisch ist auch der Mensch nur eine Spezies. Die Spezies *Homo sapiens*, das allweise Menschenwesen, wie Linné ihn seiner Zeit, man meinte manchmal, etwas kühn, benannt hatte.

Nun wissen wir aber auch: in der späteren Diluvialzeit, mindestens 50 000 Jahre zurück, war die Spezies da, schon mit entschiedener Kulturweisheit. Geben wir ihr immerhin mit allen Neandertalern und sonst Strittigem Raum bis hinter die ganze Eiszeit. Lassen wir sie (mit höchst strittigem Gebiet) noch ein Stück selbst in die Tertiärzeit hineinreichen. Wir werden doch kaum viel über die Grenze der ersten Million rückwärts kommen! Vielleicht war der Entstehungsprozeß selbst noch lang, vielleicht (im Sinne heutiger Mutationstheorie) nur kurz – einerlei, wir suchen doch die *fertige* Menschenspezies. Dann trennten diese von den letzten Sauriern aber, sehr mäßig gerechnet, noch mehrere Millionen Jahre, in denen der Saurier nicht *mehr*, der Mensch *noch* nicht da war. Wie sollen sie sich gesehen und wie soll dieser Mensch Tradition von dort in seiner Drachensage bewahrt haben?

So die Sachlage nach der, wie gesagt, gebräuchlichen Antwort, die jedem begeisterten Laien, der vor dem Gerippe eines Diplodocus vom »Drachen« schwärmt, als die betreffende kühle Verstandesdusche zuteil zu werden pflegt. Auch der Diplodocus und dieser »Drache« ständen nach ihr eben nur in der Reihe jener großen Doppelheiten, die das Weltgeschehen immer einmal wieder erzeugt in der Unendlichkeit seiner Zufälle. Eine uralte Naturphantasie und eine schon helle Menschenphantasie, die zufällig in eine ähnliche Bahn geraten wären, ohne daß doch ein Faden von der einen zur anderen reichte.

Fragt sich, ob auch dagegen noch etwas Stichhaltiges wieder zu setzen wäre.

Im ganzen würde ich ja sagen, es gibt durchweg auch keine wissenschaftliche Negation, deren Netz nicht doch noch das eine oder andere kleine Loch für eine weitere anziehende Auseinandersetzung zu lassen pflegte.

Und in unserm Fall sehe ich sogar noch ungefähr *sechs* solcher »Löcher«, über die sich immerhin reden läßt, zumal jedes seine interessanten allgemeinen Anschlußgedanken für sich hat.

Zunächst kann man betonen, daß der Mensch natürlich noch mit Sauriern zusammengestoßen ist, insofern jenes »große Sterben« niemals absolut war, sondern gewisse Sprosse jener »verlorenen Welt« auch heute noch leben. Aus dem oben angedeuteten Stammbaum erhellt, daß solche Sprosse sogar noch aus drei Hauptstämmen der Saurier übrig sind. Jene sehr alte urweltliche Brückenechse lebt noch neben uns, es lebt die ebenfalls uralte Schildkröte, leben vor allem Krokodil und Riesenschlange selbst, die uns bisher gerade bei der Drachensage so stark beschäftigen wollten.

Größe und Gefährlichkeit ist auch wenigstens einem dieser Überdauernden völlig saurierhaft erhalten geblieben. Das Krokodil ist noch gegenwärtig der allernächste Verwandte jener heroischen Dinosaurier. Es war selber aber bereits flott dabei, als der Ichthyosaurus noch schwamm, hat damals sogar statt Binnenwässern und Flußmündungen alle offenen Meere belebt gleich diesem und in nackthäutigen Hochseeformen mit Flossen sich dem alten Helden zuletzt fast bis zum Verwechseln angeähnelt. Und es wird im alten Madagaskarkrokodil, einer Variante des Nilkrokodils, auch jetzt noch volle 10 m lang, was dem größten Megalosaurus drüben nichts nachgibt. Wie gefährlich es aber in diesen Großformen ist, davon wissen alle Reisenden ebenso ein Lied zu singen. Schillings schilderte es mir stets als weit schlimmer als Löwe und Leopard; allerdings greift es nur im Wasser an, nie auf dem Lande, und das könnte wieder gegen seine allgemeine Rolle im Sagendrachen sprechen.

Die Riesenschlange ihrerseits ist nicht ganz so alt und hat auch wohl nie wirklich einen Menschen gefressen – immerhin reicht auch sie noch zurück bis in die Tage der Mosasaurier.

Selbst von jener kleinen Brückenechse scheint denkbar, daß sie noch in geschichtlicher Zeit einen größeren Doppelgänger auf den Hauptinseln Neuseelands besaß, von dem Cook im 18. Jahrhundert nach gehört haben wollte.

Immerhin würde uns aber diese Form der Beantwortung noch nicht viel weiter führen. Auch wenn im »Drachen« von je nur Krokodil und Schlange gesteckt hätten, läge auf alle Fälle ein urweltlicher Zug mit ihnen auch in dem Sagenbilde. Aber wir möchten doch *mehr*, möchten Züge noch wirklich aus den Pteranodonten und Megalosauriern der *verlorenen* Welt selbst.

Hier wäre nun ein zweiter Einwurf, der vielleicht sehr paradox klingt, aber ebenfalls ausgesprochen werden muß: ja, ist auch diese »verlorene Welt« wirklich verloren? Und unterliegen wir nicht auch hier bloß einer großen Täuschung? Leben nicht auch jene ganzen Ichthyosaurier, Dinosaurier, Flugsaurier sämtlich ebenso frisch, frei, fromm, fröhlich noch neben uns bis heute fort, wie jene paar Sprößlinge? Nicht im Filmsinn auf einem verwunschenen Plateau irgendwo als eine Art geologischen Gartens erhalten, sondern buchstäblich mitten zwischen uns noch immer, bloß in einer unterhaltenden Maskerade, an die wir nicht gleich gedacht hatten?

Der Gedankengang dazu ist etwa folgender.

Oft genug ist aufgefallen, wie gewisse heute uns allen geläufige Tiertypen in gewissem Maße noch an die alten Saurier erinnerten. Wie Wiederholungen geradezu aussahen. Nicht aber jetzt auch Reptile, sondern gerade höheres Volk: Säugetiere und Vögel. Unser Delphin (also Säugetier) sieht im Umriß täuschend ähnlich aus wie ein Ichthyosaurus; unsere plumpen Straußvögel wie gewisse hochbeinige Dinosaurier; das wirkliche Nashorn wie ein Horndrache; die Fledermaus wie der Pterodaktylus.

Hergebracht hat man das aber doch nur als äußere Anpassungsanalogie genommen. Innerlich blieb der Unterschied: hier niederes Reptil, dort schon höherer Bauplan auf Vogel oder Säugetier.

Und danach hat man den geschichtlichen Verlauf konstruiert. Als zu Ende der Kreidezeit das »große Sterben« die meisten jener Reptilungeheuer fortwischte, fanden ein paar parallel schon angelegte kleine Vogel- und Säugetiertypen plötzlich Riesenraum zu eigener Entfaltung, dehnten sich explosionsartig aus und schufen binnen kurzem von sich aus in Delphin, Strauß, Nashorn, Fledermaus alles nochmals, was dort auch schon einmal an Außenanpassungen in Meer, Land und Luft hinein projiziert gewesen war.

Aber wenn der Verlauf nun so gewesen wäre: das große Sterben in Wahrheit gar kein echtes Sterben, sondern bloß eines gleichsam in ein höheres Leben selbst hinein? Wenn mit dieser geologischen Wende nur ein neuer großer Entwicklungsgeist, der vorher schon ein paar niedere Vögel und Säugetiere nebenher geschaffen, jählings sich jetzt auch in die extremen Saurier selbst fast auf der ganzen Linie ausgedehnt hätte? Den Ichthyosaurus unmittelbar damals in den Delphin, die Dinosaurier in Vögel und Säugetiere ebenfalls verwandelt hätte? Unter Belassung der äußeren Anpassung bloß innerlich überall auch hier auf die höhere Stufe umkrempelnd?

Dann hätten wir aber eine lustige Folgeerscheinung. Der Ichthyosaurus begegnete uns noch immer auf jeder Meerfahrt, aber eben in der Maske unseres Delphins, und der Horndrache trabte noch vor jedem Afrikajäger als heutiges doppeltgehörntes Rhinozeros. Und wirklich »alt« geblieben wären eben nur jene paar noch immer reptilischen Sprossen wie Riesenschlange oder Krokodil, »alt« im Sinne, daß sie damals den Anschluß der großen Verjüngung verpaßt hätten und bis heute als Muster reaktionären Konservativismus herumkröchen.

Es sind (mit etwas persönlichem Wort von mir) wesentlich neuere Ideen des Fachgeologen *Steinmann*, was ich hier vortrage, und man wird mir zugeben, daß sie etwas Verblüffendes haben, wenn man sie so hinpflanzt. Die Schwierigkeiten des näheren Durchdenkens liegen natürlich auch auf der Hand. Man müßte wohl ein starkes Stück Darwinismus (wenigstens in der Methode der Entwicklung) dazu umdeuten, was aber an sich doch auch wieder eine hübsche, vielen heute willkommene Anregung wäre.

Man müßte sich denken, daß der Entwicklungsumschwung etwa zum Säugetier so ungefähr etwas gewesen wäre, wie eine Zeitstimmung, die zu ihrer Stunde kam und da, dort, vielleicht sogar bis in die Arten und Individuen hinein, vorhandene Typen innerlich auf ein ganz bestimmtes *gleichartig Neues* umstellte, wie man eine Uhr vorrückt. Was sollte das aber für eine eigentümliche Stimmung gewesen sein, die die äußere Anpassung bestehen ließ, aber zu innerst den Zeiger überall auf Höher stellte? Und wie sollte sie sich im Einzelnen durchgesetzt haben, wenn man alles auch hier natürlich zugehen lassen will?

Ich habe beim Durchprüfen einmal einen Augenblick an sogen. Hormon-Wirkungen gedacht. Bekanntlich kennen wir heute in den Lebewesen gewisse Organe und von ihnen erzeugte Stoffe, die gleichsam den Gesamtorganismus auf Einheit ausbalancieren. Ändert man sie künstlich, so verschiebt sich gewissermaßen das vorhandene Gleichgewicht auf ein anderes. So hat sich bei den berühmten Steinachschen Versuchen mit Vertauschung des Geschlechts bei Ratten und Meerschweinchen gezeigt, daß durch Einsetzen einer lebendigen weiblichen Geschlechtshormondrüse in ein Männchen dieses Männchen bis in die Brustsekretion, das Haar und selbst Skelettmerkmale und Gehirninstinkte völlig auf Weib individuell umgestellt wurde. Ob eine solche Hormonumstellung auf Säugetiertyp oder Vogeltyp damals auch durch die Saurierwelt gegangen wäre? Aber wer oder was soll sie bewirkt haben?

Der Verteidiger könnte sagen: es ist nicht rätselhafter, als in der andern Annahme das »große Sterben« selbst, für das wir doch auch den anschaulichen Grund bisher schuldig bleiben. Aber man versteht doch auch, daß bei der großen Mehrzahl der Geologen und Paläontologen des strengen Fachs ein entschiedener Widerspruch gegen den Steinmannschen Grundgedanken besteht.

Nehmen wir aber wirklich einmal an, auch dieser Gedanke kämpfte sich in unserm Daseinskampf der Ideen durch (und wer will sagen, daß dort schon aller Tage Abend sei!) – was würde sich daraus ergeben für unsere Drachenfrage? Leider zunächst auch wieder nichts. Denn wenn die denkende und sagenbildende Menschheit den Ichthyosaurus eben auch nur in Delphinform, den Horndrachen als Nashorn und den aufrechten Saurier etwa als Moa-Strauß kennen gelernt hätte, so war kein Anlaß, dort überall wieder auf das Bild eines Reptildrachens abzuirren, wir hätten zwar die Saurier selbst indirekt bis zu uns behalten, aber eben so auf neu frisiert, daß ihr Modellwert schwinden würde.

Probieren wir weiter auf einem dritten Wege.

Zweimal haben wir jetzt versucht, mit den Sauriern doch noch bis zum Menschen zu kommen. Ist es denn ganz unmöglich, den Menschen umgekehrt noch auf die Saurier zu bringen? Daß *er* doch noch irgendwie zu ihrer *echten* Zeit dabei gewesen wäre?

Nun, auch da kommt es wieder auf die Fragestellung an. *Dabei* gewesen ist der Mensch natürlich auch in der Kreidezeit – fragt sich bloß wieder für ihn jetzt, wie?

Ich habe mir früher bei Vorträgen über die Urwelt und ihre Wunder manchmal einen kleinen Scherz erlaubt, der eigentlich doch gar keiner war und nur etwas drastisch illustrierte. Nach allerlei Getier-Rekonstruktionen, wie man sie damals hatte (heute hat sich ja das Material durchweg sehr gebessert), warf ich auch die Frage hin: und wie war's damals mit dem Menschen? Dann erschien auf der Leinwand ein Lichtbild von Harder – mit einem irgendwo zu seiner Zeit angeschwemmten Ichthyosauruskadaver, den ein Riesenheer winziger geschwänzter Kobolde von ungefähr Spitzmausgestalt umwimmelte und anfraß. In dieser putzigen Maskerade, sagte ich, steckte damals zeitgenössisch – der Mensch. Der Gedankengang (wobei ich jetzt wieder den hergebracht vertretenen Entwicklungsgang zugrunde lege) ist auch dazu nur ein folgerichtiger.

Wenn die Spezies Mensch als solche auch vermutlich erst spät-tertiär ist, so fiel sie doch selber damals nicht aus der Luft. Wie wir heute zu einem rassereinen Deutschen etwa sagen: vor anderthalb Jahrtausenden warst du ein alter Thüring oder Vandale – so steckte ebenso vermutlich doch im noch etwas älteren Tertiär dieser gleiche Mensch noch in einer mehr oder minder menschenaffenhaften Form, noch früher war er vermutlich mehr oder weniger in der Maske eines kleinen Halbaffen etwa von unserem Tarsius-Schlage, und wenn wir schon noch in die Kreide selbst zurücksollen bis zu Megalo- und Ichthyosauriern, so wird er allen Ernstes wohl äußerlich dort einem winzigen Insektenfresser auf Igel- oder Spitzmausfrisur, noch früher vielleicht auch einem Beuteltier oder einem Schnabeltiervorfahr geglichen haben.

Vorhanden gewesen sind ähnliche niedere Säugetiertypen, einerlei nun, was wirklich ums Ende der Kreidezeit passiert ist, auf jeden Fall schon tief in das ganze Mittelalter auch der Erdgeschichte hinein, wenn sie auch allen Spuren nach damals neben den Saurierriesen selbst nur eine vorerst untergeordnete Rolle gespielt zu haben scheinen. Neuerlich sind an jener wundervollen Fundstätte der Wüste Gobi, die jene Horndrachen-Brutstellen geliefert hat, auch wieder (diesmal ganze) Miniaturschädelchen solcher »Ursäuger« gefunden worden, einer einem solchen Insektenfresser, ein anderer anscheinend sogar bereits einem Urraubtier (Creodontier) angehörig. Es ist zu hoffen, daß weitere Ausbeuten dort auch diese niedliche Nebenwelt der noch bestehenden großen Saurierschöpfung immer mehr aufhellen werden, nachdem man bisher meist nur schlechtes Material besaß.

Inzwischen fragen wir erneut, was auch das uns nützen sollte.

Wenn der Mensch zwar damals dabei war, als noch in der schwarzen Unglücksbucht von Holzmaden richtige Ichthyosaurier stranden konnten, aber nur dabei sein konnte um den Kauf, daß er selber noch eine Art Spitzmaus oder Beutelmarder war, so hülfe uns das abermals doch wohl so wenig für seine spätere Drachenüberlieferung, wie wenn er als heller Echtmensch denselben Ichthyosaurus noch nach oben verkleidet in einem Delphin erlebt hätte. Wie soll eine Überlieferung aus seinem Spitzmausgehirn von damals, das noch die Saurierdrachen erlebte, ihm in die Sagen seiner großen Kulturdenkzeit den »Drachen« geliefert haben?

Ja, vorausgesetzt, daß wir auch diesmal nicht wieder einen Spaziergang durch allerneueste verwegene Ideen machen wollten, die abermals an »Darwin im Wandel der Zeiten« rühren.

Ich will der betreffenden Frage auch jetzt eine möglichst eigene Fassung geben.

Darwin war seinerzeit der Meinung, daß der Mensch nicht eigentlich vom Menschenaffen abstammte, sondern beide eher von einem gemeinsamen Vorfahren. Klaatsch gab dem gelegentlich die Fassung, dieser Vorfahr sei, obwohl noch im ganzen eine Stufe zurück, immer doch schon ein werdender Mensch gewesen, während die Menschenaffen wieder abgesunkene Nebenzweige zu ihm darstellten. In einer angeregten Gesprächsstunde fragte ich einmal Klaatsch, ob das nicht auch auf den Halbaffen und noch weiter zurück gelten müßte. Eine zentrale Halbaffenvorstufe des Menschen, die aber das Zeug hatte, Mensch zu werden – und alle echten Bloß-Halbaffen ebenfalls solche Seiten- und Senkäste von dort, die für sich unfruchtbar ausliefen. Und ebenso zu Beuteltier und Schnabeltier. Der Schluß wäre: von Anfang an hätte eine zentrale Anstieglinie bestanden, die unaufhaltsam zum Menschen ging, und alle übrigen Organismen wären nur abgezweigte und mehr oder minder stehen gebliebene Seitenäste dieses Menschenstammbaums. Klaatsch gab die Logik des Gedankens damals unumwunden zu, sein wenig später erfolgter beklagenswert früher Tod hat ihn aber verhindert, sich noch öffentlich dazu zu äußern. Ich selber habe die Idee als eine beiläufige öfter (besonders in Vorträgen) erwähnt.

Nun ließe sich bei gutem Willen aber noch etwas in diese Allgemeinidee als Diskussionsstoff hineintragen.

Die Besonderheit des Menschen ist letzten Endes heute bedingt durch sein Gehirn, gegen das alle übrigen Lebewesen turmtief abfallen. Ist am Ende auch das Merkmal jener seiner echten Vorfahren auf allen Stufen seines Stammbaums bereits ein verhältnismäßig stärkeres Gehirn gewesen, z. B. das Gehirn seiner Beuteltierstufe doch auch schon gehirnstärker als das aller sonstigen Beuteltiere? Fossile Reste solchen großhirnigen Menschenbeuteltiers etwa oder einer andern Stufe dort würden wir bisher allerdings nie gefunden haben, aber das wäre bei den Lücken der Überlieferung kein unbedingter Gegenbeweis. Und nun ein ganz schwindelig wilder Gedanke. Es verschlägt ja nichts, auch ihn wenigstens einmal zu denken.

Könnte in der Linie dieser stets stärkeren Gehirne eine Möglichkeit gegeben sein doch auch einer unendlich langfristigeren geistigen Überlieferung, als wir je für möglich gehalten? Allen Ernstes noch bis in die wirkliche Kreidezeit zurück?

Wenn wir uns schon einem solchen geistigen Pteranodonfluge der Phantasie hingeben wollten, so ließe sich auch dazu noch manches anziehen. Die letzte Kreidestufe des Menschen, bis zu der noch solche Überlieferung laufen müßte, könnte möglicherweise auch schon etwas Halbaffenhaftes gehabt haben – auch unserm Koboldmaki ähnliche kleine Halbaffen tauchen ja sehr früh im Tertiär auf. Es könnte im Anblick bereits ein »Homchen« gewesen sein, wie Kurd Laßwitz einmal das Wort geprägt hat – das am Ende gar schon aufrecht ging und erste Eolithe als Werkzeug benutzte.

Man könnte auch an Semons Mneme-Idee denken: daß körperliche Vererbung und das Substrat des Gedächtnisses etwas zuletzt Identisches wären. Diese körperliche Vererbung wiederholt aber noch heute in unserem Embryonalleben so manches Überraschende aus dieser tierischen Menschenvorwelt: Fell und Spitzohren und Schwanz, zuletzt sogar die noch älteren Kiemenbögen einer Amphibien- oder Fischstufe, wobei aber das Gehirn von früh an auch sehr groß angelegt wird. Wenn nun so auch uralte Gedanken, Vorstellungsbilder, Außenerlebnisse gelegentlich noch einmal anklängen wie halb verlorene Harfensaiten und von den Ungetümen der Kreidezeit leise noch in uns sängen? Vielleicht geweckt wieder durch die eine oder andere lebendige Anregung, aber dann doch noch Tieferes, Älteres hineingebend?

Mancher Leser wird bereits bemerkt haben, daß es Gedankengänge des geistvollen Münchener Fachpaläontologen *Dacqué* sind, denen ich mich jetzt genähert habe.

Seine betreffenden Schriften sind allerdings größtenteils Bekenntnisse einer Weltanschauung mit weitesten Phantasiepfaden, die uns hier nicht zu beschäftigen brauchen, obwohl vieles Wertvolle darin auch allgemein zu Sage und Märchen gesagt ist. Ich beschränke mich also auf das noch enger greifbare Paläontologische, und hier ist nun Dacqué durchaus der Meinung, daß die Übereinstimmung der *Drachensagen* mit dem wirklichen Urweltsmaterial der großen *Kreidereptile* in unsern Museen in der Tat so bis ins kleinste überwältigend und zweifelfrei sei, daß *nur* in solchen oder ähnlichen Ideengängen eine Lösung gefunden werden könne. Dem kann ich mich doch in dem Maße nicht anschließen, so daß ich auch diesen Zwang noch nicht ohne weiteres sehe.

Gewiß sind einzelne auch engere Analogien da. Als ich die erste Abbildung jenes Babylondrachen vom Istartor sah, hat sich auch mir aufgedrängt, daß hier eine gewisse leise Umrißähnlichkeit zu unsern Wiederherstellungen des Brontosaurus oder Diplodocus bestehe – mit dem kleinen Reptilkopf, dem langen Halse und vielleicht der spitzen Schwanzpeitsche, die zu gefürchteten Schlägen ausholt, das Ganze entsprechend kolossal gedacht.

Immerhin wären gerade diese Arten Saurier doch harmlose Pflanzenfresser gewesen, und wir würden für das Bild des gefährlichen, bissigen Drachen eher Figuren brauchen, die an den aufrecht angreifenden Megalosaurus oder Tyrannosaurus auf langen Hinterbeinen erinnerten. Im allgemeinen ist diese Känguruhstellung aber etwas, was der Sagendrache gerade *nicht* zu haben pflegt.

In gewisse assyrische Reliefs könnte man zur Not so etwas hineindeuten, aber hier handelt es sich um greifenartige Gestalten mit Federflügeln. Die Erklärung Dacqués, daß es in der Kreide vielleicht auch vogelhaft befiederte dinosaurische Reptildrachen gegeben hätte, obwohl bisher nie eine tatsächliche Spur derart gefunden worden ist, trägt doch zu sehr den Charakter des Gewaltsamen an der Stirn, bei dem das Original erst künstlich nach dem Vergleichsobjekt selbst umfrisiert wird.

Daß der Sagendrache mit Hautflügeln fliegt und drüben Pteranodon ebenfalls so mit einer Riesenspannhaut ankommt, ist gewiß wieder packend – aber Wiederholung gerade der Einzelheiten versagt auch dabei. Ich kenne z. B. kein Drachenbild mit dem hochcharakteristischen Flughautfinger solchen echten Flugsauriers. Der Pterodaktylus, den Dacqué in das Bildchen einer altamerikanischen Maya-Handschrift hineinsieht, scheint mir auf eine völlige Künstelei zum vorgefaßten Zweck hinauszulaufen. (Wobei ich nebenbei bemerken will, daß die echte Drachensage gerade in Altamerika gänzlich zu fehlen scheint.)

Hier könnte der Verteidiger ja wieder einwerfen, diese Einzelheiten hätten sich eben verschoben und wären auf die Dauer von der Sage durch andere ersetzt worden – etwa wie in der gewöhnlichen Vererbung der Embryo einzelne Ahnenformen ebenfalls nachträglich ausläßt oder verzerrt. Aber gerade dann sinkt doch auch wieder die eigentliche Beweiskraft für das noch gesehene echt urweltliche Modell und die Notwendigkeit so ungeheuerlicher Annahmen wie einer von dort her noch bestehenden Überlieferung im Menschengeist. Es könnten für den Einzelfall dann doch noch weniger fern ins Blaue schweifende Erklärungen erörterungsfähig bleiben.

Man hat daran gedacht – und das wäre jetzt eine vierte Möglichkeit – ob nicht, das »große Sterben« einmal grundsätzlich zugegeben, *einzelne* auch der »verlorenen« Saurier in irgendeinem geschützten *Asyl* sich trotzdem noch länger und bis in helle Menschenzeit hinein erhalten hätten, auch so die Sage befruchtend. Wenn nun in irgendeinem stillen Winkel sich doch eine Herde Dinosaurier als »Relikt«, wie der Forscher sagt, gerettet und lange noch, wenn auch spärlich, weitergegeben hätte, wie es in dem erwähnten Film dargestellt wird? Nun kann auch so etwas grundsätzlich schwer abgeleugnet werden. Wenn man sagt, aus dem ganzen Tertiär kommen keine Dinosaurierknochen mehr vor, so gilt das doch nur für das Material, das uns zufällig dort noch zugänglich ist. Weite Landstrecken sind aber seitdem von der Natur noch wieder abgebaut worden, unendlicher Fossilinhalt ist zerstört worden auf Niemehrwiedersehen. Andere Gebiete sind bisher ebenso zufällig nicht erschlossen oder doch nicht voll ausgenutzt – man denke nur an jene Gobiwüste oder die gänzlich überraschende neueste Entdeckung fossiler Menschenaffenreste (*Hesperopithekus*) in Nordamerika.

Wer will erzwingen, daß wir gerade jedes schon zu seiner Zeit verborgene Asyl derart bereits entdeckt haben müßten?

Wir haben ja bis heute lebend noch so mancherlei Urweltler, deren späte Auffindung jedesmal ein großes zoologisches Ereignis war: so die eierlegenden Schnabeltiere als Reste der Ursäuger in Australien und den großen Molchfisch Ceratodus der Triaszeit ebendort, der erst 1869 entdeckt wurde. Von andern höchst altertümlichen Asyl-Typen, wie den Riesenstraußen Neuseelands und Madagaskars, wissen wir, daß sie erst ganz kurz vor der wissenschaftlichen Erschließung dieser Inseln in nächsten geschichtlichen Tagen ausgestorben waren. Daß es noch sehr stattliche lebende Tiere neben uns geben kann, die wir bis vor wenigen Jahren nicht kannten, lehrt das berühmte Okapi, eine im tiefsten Kongodickicht überdauernde kurzhalsige Neben-Giraffe, lehrt das goldvliesige chinesische Budorcas-Gnu, lehrt der schwarzweiße Bambusbär. Wieviel mehr könnte solches vereinzelte Durchhalten in geschützten Asylen während der ganzen langen Millionenzeit der Tertiär- und Diluvialperioden selber sich noch abgespielt haben, und warum sollen solche ältern Asyltiere sich nicht auch gelegentlich noch vor echten Menschen jener Tage haben sehen lassen, wahrend kein moderner Forscher sie mehr findet? Wer hätte raten können, daß z. B. die Mammute der Diluvialzeit noch so lange in Sibirien weiter bestanden haben, von denen uns die heute heraustauenden Eisleichen zufällig wieder Kunde gegeben und die nach einer Vermutung vielleicht sogar erst der erneuten kleinen Klimaverschlechterung ums Ende der Bronzezeit dort erlegen sind, nachdem ihr Stamm Europa längst verlassen hatte? Und wer hätte vermuten können, daß in Südamerika noch eines der großen Riesenfaultiere höchstwahrscheinlich bis kurz vor Kolumbus ausdauerte? Und was der Parallelen mehr wären.

Auch in diesem Falle käme es eben immer nur auf den wirklichen Beweis an. Hätten die alten Babylonier, deren Kultur sich ja wer weiß wie weit schon geschichtlich heraufgab, nicht noch Kunde und Bilder haben können von ein paar echten Brontosauriern, die in irgendeinem

Sumpf ihres Gebiets noch gerade bis an ihre engere Überlieferung heran vegetiert hätten, um dann rasch vor irgendeiner örtlichen oder allgemein klimatischen Ursache auch endgültig einzugehen? Man vergesse nicht, daß diese Länder noch während der nordischen Eiszeit gleichzeitig ein sehr nasses Klima (sog. Pluvialzeiten) besaßen, das erst wieder einem trockeneren wich. Wie mancher uralte vergessene Baumriese der Erdentwicklung mag da erst gefallen sein!

Und es dürfte hier der Ort sein, auf etwas hinzuweisen, das zwar auch noch nicht geklärt, aber auf jeden Fall äußerst merkwürdig und erforschenswert ist.

In dem allbekannten inhaltsreichen Werk des alten *Hagenbeck* »Von Tieren und Menschen« wird gelegentlich eines *geheimnisvollen Ungetüms*, »halb Drache, halb Elefant«, Erwähnung getan, das sich im dunkelsten Afrika berge und vielleicht ein *noch lebender Brontosaurus sei*. Alte Buschmannbilder wiesen darauf hin; den Tierfängern der Firma sei wiederholt davon berichtet worden. Doch seien unmittelbare Versuche, seiner habhaft zu werden als des sicherlich großartigsten Schaustücks für Stellingen, bisher stets an unwegsamen Fiebersümpfen gescheitert. Wie die Firma gelegentlich mitteilte, hatte sich auch in den folgenden beiden Jahrzehnten an dieser Sachlage nichts geändert, und das fragwürdige Abenteuer schien erneut im Märchen zu verklingen. Gegenwärtig sind mir aber wieder greifbarere Nachrichten zugekommen, die das Ganze in ein neues Licht stellen könnten.

Ich verdanke sie der Freundlichkeit des Hauptmanns Freiherrn von *Stein* zu Lausnitz, des verdienstvollen Leiters der deutschen Likuala- Kongo-Expedition von 1913/14, deren wichtigstes Kartenmaterial inzwischen in den »Mitteilungen aus den deutschen Schutzgebieten« erschienen ist. Ich gebe die betreffende Stelle (aus den noch unveröffentlichten zoologisch-botanischen Ergebnissen der Forschungsreise) mit gütiger Erlaubnis möglichst im Wortlaut wieder, um den Eindruck nicht abzuschwächen.

Ort ist diesmal das verwickelte Flußadernetz des südlichsten *Kamerun* unmittelbar zum untern Kongo, mit seinen Überschwemmungsgebieten, Wasserwäldern auf schwankendem Wurzelgrund und Raphiapalmensümpfen – eine der bisher unbekanntesten und auch unwegsamsten Stellen Afrikas.

Es handelt sich laut von Steins äußerst vorsichtigem Bericht um »einen sehr merkwürdigen Gegenstand«, der »möglicherweise nur in der Phantasie der Stromanwohner existiert«, »wahrscheinlicher aber doch irgendeinen greifbaren Untergrund hat«. Die Angaben stützen sich vorläufig mangels genauer eigener Erkundung auf »sonst recht zuverlässige und landeskundige eingeborene Quelle« und sind »ganz unabhängig voneinander von erprobten Führern wiederholt gleichartig bestätigt« worden.

Wesentlichen Inhalt bildet auch hier ein »Geschöpf, das die Uferbevölkerung dieser Teile des Kongobeckens, des unteren Ubangi und des Ssanga bis etwa hinauf nach Ikelemba als *mokélembêmbe* bezeichnen und sehr fürchten«.

»In den weniger großen Strömen, wie in den beiden Likuala, soll es gänzlich fehlen, und auch in den genannten Stromteilen in nur sehr wenigen Individuen vorhanden sein. Außerhalb der Fahrrinne des Ssanga, z. B. etwa zwischen der Mbaiomündung und Pikunda, sollte zur Zeit der Expedition ein derartiges Geschöpf gerade sein Wesen treiben, also bedauerlicherweise in einem Flußabschnitt, der infolge des brüsken Abbruchs der Expedition nicht mehr zur Untersuchung gelangte. Aber auch im Ssômboarm fanden sich hinweise auf das angebliche Tier. Die Erzählungen der Eingeborenen geben etwa folgendes Bild.

»Bevorzugter Aufenthalt sollen die nicht ganz seltenen, sehr tiefen Wirbelstellen sein, die der Strom in den konkaven Uferstrecken scharfer Richtungsänderungen vielfach ausgearbeitet hat.

»Es soll das Geschöpf da die häufigen, aus den Lehmsteilufern unter dem Wasserspiegel ausgewaschenen Höhlungen mit Vorliebe aufsuchen. Auch am Tage soll es das Ufergelände betreten, um dort seiner, was eigentlich gegen Sage spricht, rein pflanzlichen Nahrung nachzugehen. Besonders eine weiß-großblütige Uferliane mit kautschukhaltigem Milchsaft und apfelähnlich aussehender Frucht soll bevorzugte Äsung sein. Im Ssômboarm wurde mir einmal sogar in der Nähe einer Gruppe derartiger Pflanzen ein sehr frischer, gewaltiger Durchbruch durch das dichte Uferbuschwerk gezeigt, den das Tier kürzlich erst hinterlassen hätte, um zu dieser Nahrung zu gelangen. Die wie überall massenhaft aus dem Wasser an Land führenden Flußpferdwechsel und die außerordentlich begangenen, breiten Wildpfade, die auf weite Strecken den Uferrändern folgen und ihre Entstehung Elefanten, Flußpferden und Büffeln verdanken, erlaubten an dieser Stelle aber leider nicht, auch nur mit einiger Sicherheit irgendeine Fährte auszumachen . . .«

»Das Tier wird beschrieben als von graubrauner Farbe, mit glatter Haut und in Elefanten-, mindestens aber Flußpferdgröße. Es soll einen langen, beweglichen Hals und einen einzigen, sehr langen Zahn, der aber auch als Horn beschrieben wurde, besitzen. Einige sagten ihm auch einen sehr langen, kräftigen Schwanz in Alligatorenart nach. Kanus, die in seine Nähe kommen, sollten sofort angegriffen und umgeworfen, die Besatzung zwar getötet, aber nicht gefressen werden.«

Der Berichterstatter deutet hier die Denkbarkeit allgemeiner Gefahrsagen für solche Wirbelstellen bei hohem Wasserstande selbst für größere Kanus an, kehrt aber doch wieder zu dem Tierbilde zurück. Wesentlich viel mehr sei aus den Aussagen nicht zu gewinnen gewesen, wenn man märchenhafte Züge wie »Unverwundbarkeit und ähnliches« beiseite lasse. Eine zoologische Nebenvermutung, daß es sich um eine große Manatus-Art (also einen Vertreter der auch sonst in Flüssen und Seen des tropischen Westafrika bis in den Tjadsee verbreiteten sog. Seekühe, *Trichechus*, rein wasserangepaßter pflanzenfressender Elefanten-Altverwandten) handeln könnte, hat sich als unhaltbar erwiesen.

In einer privaten Mitteilung an mich erwähnt von Stein aus seinem Reisejournal noch eine Notiz »vom oberen Ssanga, aus Benassa zwischen Quesse und Nola, also bereits aus der Region der Steinbänke und des überwiegenden Felsbettes . . ., wonach von dort wohnenden Ndsimu . . . eine ganz entsprechende Erzählung und Beschreibung« gegeben wurde. »Zwei außerordentlich hochstehende Fullah aus der Garuagegend, die . . . sich die übliche Bângala-Verkehrssprache angeeignet hatten, folgten diesmal diesen Unterhaltungen und erzählten dann übereinstimmend von einem ganz ähnlichen, wenn auch seltenen Vorkommen im von hier doch so weit entfernten Benuë, der doch dem Niger-System angehört.« Diese weite Verbreitung, meint von Stein, könne immerhin ein wenig mehr zur Erklärung durch Sage geneigt machen.

Von anderer Seite schließen hier mehr oder minder Berichte an von *Koch* aus Kamerun, die aber mehr auf eine riesige Wasserschlange gehen würden, die alle ihr begegnenden Menschen und an Furtstellen sogar passierende Elefanten töte. Die Leichen solcher etwas rätselhaft abschwimmenden Elefanten hat auch von Stein beobachtet, sah sie aber als Opfer der Stromschnellen selbst an. Im übrigen zeigen diese Schlangenberichte, die gelegentlich ebenfalls von Stein hörte, weit stärkere Legendenzüge und dürften, falls sie überhaupt auf das gleiche Tier gehen, bereits seiner Verdunkelung in einen nahe liegenden Sagenkreis hinein angehören, der doch die Grundwirklichkeit durchaus nicht ausschließt.

Schließlich haben ganz unabhängig noch zwei Belgier neuerlich aus dem östlichen Kongobecken berichtet, daß sie in Verfolgung einer seltsamen Fährte ein brontosaurushaftes Ungeheuer mit riesigem Hals, einer Art Rhinozeroshaut und dickem Känguruhschwanz wirklich von fern erblickt hätten. Die Erzählung, in der englisch-amerikanischen Presse mit Wort und Bild gleich unsinnig als Sensation ausgeschlachtet, hat, bei starker Unwahrscheinlichkeit sonst, doch den einen merkwürdig übereinstimmenden Zug, daß auch in ihr dem fraglichen Geschöpf ein Horn auf der Schnauze zugeschrieben wird.

Ich verzeichne immerhin zu der ganzen Sachlage und vor allem den ersten von Steinschen Angaben, die alle Züge besonnener wissenschaftlicher Kritik wahren, ein paar eigene Bemerkungen.

Der Bezug gerade auf einen Brontosaurier ist natürlich, auch die echte Existenz eines zoologisch noch unbekannten und zu erforschenden riesigen Sumpftiers zugegeben, kein zwingender.

Immerhin wäre vielleicht kein Ort der Erde auch für einen solchen geeigneter, wenn das Wort einmal anklingen soll.

Ähnliche Riesensaurier haben auf der Grenze vom Jura zur Kreide, wie die herrlichen Tendagurufunde beweisen, in Ostafrika in Masse gelebt – einer Fachvermutung nach auch in seichten oberen Flußgebieten, wo sie im Wasser standen und weiche Wasserpflanzen abweideten, während abtreibende Leichen verunglückter Exemplare sich unten im Delta gelegentlich häuften.

Gerade dieser Hauptsockel des afrikanischen Festlandes dürfte aber in der ganzen Zwischenzeit seither kaum größere Bodenveränderungen erfahren haben. Die Umwelt könnte also in den kamerunischen Wasserwäldern bis heute ungefähr als die gleiche gelten. Bloß daß sich die angreifenden Raubsaurier, die schon damals das Riesenvolk in die Sümpfe trieben, jetzt gänzlich dort verloren hätten, was dem Fortvegetieren einer immerhin kleineren Art nur Vorschub leisten konnte.

In der Tat doch recht merkwürdig ist, daß das fragliche Tier kein Fleisch fressen, sondern saftige Wasserpflanzen abäsen soll.

Daß es als heutiger Machtherrscher seines Gebiets Elefanten bis zum Ertrinken scheu machen, Kanus umwerfen und Menschen schlagen würde auch ohne Freßgelüste, liegt aber ebenso nahe.

Der lange Hals, einzeln aus dem Wasser gereckt, könnte die Schlangenlegende begünstigt haben.

Ein Horn jener Art kommt bei vielen Urweltsauriern, wie auch heutigen Schlangen und Eidechsen vor, worüber noch ein Wort zu sagen sein wird.

Selbst über die Unverwundbarkeit in Eingeborenenaugen ließe sich bei einem reptilischen Dickhäuter, der einst Megalosaurusbissen standhalten sollte, reden.

Ein besseres Versteck, wie gegen den Wandel der Zeiten selbst, so auch gegen den Spüreifer unserer Zoologen bisher, hätte dieses Stück »verlorener Welt« sich auch nicht gut aussuchen können als in diesen verwunschenen, undurchdringlichen Kamerun- und Kongo-Dickichten von extremer Unpassierbarkeit. Also alles in allem – warum nicht? Es kostet nur den ersten Schritt. Wobei allerdings auch hier wieder der zähnefletschende böse Landdrache der Sage fehlen würde. Es scheint, daß diese Sage selbst wenigstens heute auch in Afrika nicht sehr verbreitet ist. Es könnte uns blühen, daß, wenn mir den kamerunischen Brontosaurus wirklich noch lebend entdeckten, gerade der »Drache« als solcher in der Menschheitsseele von hier gar nicht befruchtet worden wäre. Aber wir gingen ja von dem Bilde zu Babylon aus, und wenn am Ssanga heute so etwas lebte, wie vielleicht nicht auch dort noch vor Jahrtausenden.

Ich will dem Leser zu dem Wort von solchen vereinzelt noch fortdauernden Urweltlern noch eine zweite Sache anklingen lassen, über die er zunächst wahrscheinlich ohne jeden Rückhalt zu lächeln geneigt sein wird, aber, bitte, einmal wirklich *jetzt* nicht lachen sollte.

Ich meine nämlich die hergebracht verlästerte Geschichte von der »*Seeschlange*«.

Lachen ist eine sehr gesunde Leibesübung, und bisweilen bin ich auch selber geneigt, über heitere kleine Schnitzer der unentwegt fortschreitenden Wissenschaft zu lachen, wir sind alle keine Heiligen. Aber es gibt Stellen, wo das Lachen doch zu einem Hemmnis aufrichtiger Forschung werden kann.

Die Seeschlange, über die ungefähr 200 ernste Berichte vorliegen, ist an sich durchaus nicht lächerlich, auch wenn sie noch so sehr Symbol einer tatsächlichen Lächerlichkeit kleiner Winkeljournalistik, die auch in toter Saison um jeden Preis ihre Spalten füllen muß, geworden sein mag.

Ich rede dabei natürlich auch hier von der sog. »großen Seeschlange«, also dem Legendenungetüm und zoologischen »Fliegenden Holländer« der See, und nicht von unsern heute sattsam bekannten echten tropischen Seeschlangen (Unterfamilie *Hydrophiinae*) des Indischen und Stillen Ozeans – schlimmen Giftern mit senkrechten Ruderschwänzen, die fast alle ausschließlich als Taucher und Schwimmer die Salzflut beleben, aber nie Riesengröße zu erreichen scheinen. Nebenher will ich bloß erwähnen, daß auch sie merkwürdig genug sind und u. a. eine eigene fischkiemenartige Unterwasseratmung mittels des dick durchbluteten Zahnfleisches erneut bei sich durchgeführt haben.

Jene »große Seeschlange« stellt im Gegensatz dazu nichts Geringeres dar als eine Art Doppelgänger oder Nebengänger des Drachen selbst, der, wie dieser in Klüften und Einöden des

Landes, so sich immer einmal wieder unter Bevorzugung ganz bestimmter Stellen im Ozean sehen lassen soll.

Darstellung des 16. Jahrhunderts von der »*Großen Seeschlange*« im Meer bei Norwegen, nach einem zeitgenössischen Bilde bei dem Schweden *Olaus Magnus* (Magni), mitgeteilt auch in *Gesners* »Schlangenbuch« von 1587 und im deutschen Text, dort als »*Wallschlange*« bezeichnet. Sie soll zwei- bis dreihundert Fuß lang werden und wird vorgeführt, wie sie aus einem Schiff die Besatzung herausfrißt. Die phantasievollen Meertierbilder des schwedischen Kartographen erweckten schon damals öfter den Zweifel anderer Gelehrten

Auch diese »Seeschlange« hat (und schon deswegen sollte sie nicht für lächerlich gelten) zuletzt den ehrwürdigsten mythologischen Bezug. Man weiß, wie sie im nordischen Mythus als *Midgardschlange* (Jormungand) mit ihrem ungeheuren Leibe fast kosmisch gedacht die Erdeninsel mit all ihrem Glück und Schicksalsleid umspannt und am Ende der Tage aus dem dunklen Abgrund steigen, in der Götterdämmerung gegen die schuldbeladenen Himmlischen kämpfen und zuletzt durch Thors Hammer fallen wird, doch auch Thor selber durch ihr Gift dabei ins Verderben ziehend – Bilder von schauerlicher Pracht, die wieder zum Erhabensten gehören, was die Menschheit je gesonnen.

Hier, wie im Babylonischen und Biblischen, verschwimmt ihre Sondergestalt merklich mit dem urgeborenen Drachen selbst. Und es erschiene abermals als ein leichtes, auch sie symbolisch ganz aufzulösen etwa zur Wasserschlange, die mit dem Blitz aus der schwangeren Wolke stürzt und die Erde je nachdem befruchtet oder verheerend überschwemmt, – und sie erst auf diesem Umweg endlich ins Meer zu bringen. Ihre wirkliche Erscheinung und Lokalisierung geht aber auch jetzt himmelweit verschiedene und unvergleichlich viel »substanziellere« Wege.

Schlagen wir, um uns dieser »Wirklichkeit« zu nähern, noch einmal die ehrsamen Folianten unseres *Gesner* auf. Es genügt die mehrfach in den Bänden vorkommende Stelle »Von der Wallschlangen« (großen Schlange) in der Fassung des deutschen Schlangenbuches.

»Bey Norwegen im stillen meer erzeigen sich meerschlangen zwey oder drey hundert schuch lang, sehr auffsetzig und verhaßt den schiffleuten, also das sie auch zuzeyten ein mann auß dem schiff hinnemmen, söllen sich umb grosse schiff schlahen und die selben zu grund richten, sie erheben offt sölche krümb über das meer, das darunter ein schiff ring durchfahren möchte.«

Textinhalt und Bild stammen in diesem Falle ursprünglich aus dem berühmten Kartenwerk des Schweden *Olaus Magnus*, der noch Zeitgenosse Gesners selbst war und von dem Gesner auch manche lustige Figur walfischhafter nordischer Seeungeheuer entlehnt hat, ohne doch seine eigenen gemütlichen Zweifel davor gelegentlich zu unterdrücken.

Jedenfalls sind Figur und Schilderung wertvoll, da sie gleichsam die »Urzelle« des ganzen neueren, noch bis in unsere Zeit ragenden realistischen Seeschlangenbildes geben. Ein ungeheures schlangenhaftes Wesen in den nordischen Nebelmeeren, mit eigentümlich knotigem

Körper, das den damaligen kleinen Kauffahrtei- und Missionsschiffchen in der Ozeansöde noch als Angreifer schreckhaft wurde, während es die neueren großen Seeschiffe nur durch seinen einfachen Anblick erregen sollte.

In des Olaus Magnus eigenen Berichten bewohnt sie eigentlich Küstenhöhlen bei Bergen, durchräubert von da das offene Meer und in hellen Sommernächten wohl auch das benachbarte Land, wo sie Schafe, Kälber und Schweine fortfrißt, ist schwarz und hat rotflammende Augen und eine lange Halsmähne.

In dieser Grundgestalt, nur mit dem einen oder andern Zusatz, glaubten sie die frommen Grönlandfahrer der Egedeschen Missionszeit (erste Hälfte des 18. Jahrhunderts bis an Goethes Geburt heran), noch erlebt zu haben, wie sie sich in grausiger Erscheinung masthoch vor dem armen Schiffchen in der Wasserwüste aufbäumte, um rückwärts in Purzelbäumen wieder abzugehen, wenn die dürren Pilger sie nicht lockten.

Worauf dann etwa weitere hundert Jahre jetzt des neueren triumphierenden »Daseins« der Seeschlange unter immer neuen berichtigenden Zusätzen und aus allen Meeren der Erde, besonders auch von der atlantischen Amerikaküste, folgten. Schiff um Schiff, das ihr (bis, wie gesagt, zu 200 Fällen) begegnet sein wollte, Beobachtungen mit allen neueren Sehmitteln, gehäufte amtliche Protokolle in den Archiven von Küstenstädten, ehrenwörtliche Versicherungen und nicht zuletzt Zeitungsausbeutungen und -ausschmückungen bis zum Überdruß. Ein wirklicher Fang aber erfolgte nie – wir wollen doch ehrlich sagen, wenn das Tier so groß und entsprechend schlangenhaft gewandt war, auch keine ganz leichte Sache. Zwischendurch wurde einmal ein angeblich 114 Fuß langes Skelett aus Amerika öffentlich rundgezeigt und von braven Berliner Behörden als »biblischer Leviathan« für schweres Geld angekauft, das aber der große Zoologe Johannes Müller alsbald dort als künstlich zusammengestückelt aus versteinerten Knochen eines tertiären Ur-Wals (Zeuglodon) erwies.

Bild eines *Meerungeheuers* aus der Zeit der großen nordischen Fabeltiere, wie sie *Olaus Magnus* im 16. Jahrhundert abzubilden pflegte, von *Gesner* in seinem »Fischbuch« unter Vorbehalt der Richtigkeit wiederholt. Zugrunde soll eine Art *Walfisch* liegen mit langen Blasröhren zu dem fabelhaften Wasserauswerfen am Kopf. Schiffer haben ihn für eine Insel gehalten, Anker dabei geworfen und Mannschaften zum Feueranzünden und Kochen ausgeschifft, als plötzlich der wahre Kopf des Scheusals auftaucht und sie bedroht.

Fassen wir, ohne uns in Einzelheiten zu verlieren, kurz zusammen, was auch in diesen neueren Berichten (ehe sie durch einseitiges Lächerlichmachen zu verschwinden begannen) mehr oder minder regelmäßig wiederzukehren scheint.

Die Länge schwankt von noch nicht 20 bis nach wie vor 100, ja 200 Fuß. Die Farbe vielfach auch später schwarz. Ein pferdehafter Kopf meist mit »Mähne«. Längerer, dünnerer Hals oft bei dickerem Leibe und langem Schwanz. Manchmal dieser Schwanz mit fischartig ausgeschnittener oder sonstiger Flosse. Auch wohl eine Rückenflosse oder ein Saum solcher. Das Maul groß, mit zackigen Zähnen. Eine Art Schnurrbart. Braune Zunge. Nasenlöcher verschließbar. Die Augen rot- oder blauflammend, jedenfalls irgendwie »feurig«. Haut verhältnismäßig glatt, obwohl beschuppt. Sie bläst (»spritzt«) wie ein Walfisch (bekanntlich ist das wirkliche Wasserauswerfen durch die Nase bei den Walen eine Fabel) und verbreitet einen starken Geruch.

Als seltsamstes und widersprechendes doch auch hier zu dem so treu wiederkehrenden Wort »Schlange«: sie wird ziemlich hartnäckig mit vier Paddeln, also zwei Paar Flossengliedmaßen beschrieben, wobei das vordere meist größer als das hintere ist. Diese Paddeln, die der alte Olaus Magnus noch nicht kennt, scheinen geradezu seit dem Gebrauch des Fernrohrs zuzunehmen, als habe man sie jetzt erst deutlich unterschieden. Vorkommen, wie gesagt, in allen Meeren, aber anscheinend an gewissen Küsten besonders häufig, doch immer nur auf kurze Zeit zu sehen und dann wieder wie ein Spuk fort.

Stellen wir ruhig und ohne Rücksicht auf die faulen Witze auch hier die »zoologische Diagnose« wie oben beim Landdrachen.

Prinzipiell muß auf jeden Fall gelten, daß in Schiffersagen von höchst seltsamen, ungeheuren und sogar für kleine Fahrzeuge gefährlichen Meertieren ohne vorläufige zoologische Einstellung ein zoologischer Kern stecken *kann*. Das hat die ungemein lehrreiche Geschichte vom »*Kraken*« erwiesen.

Die Mär vom »Kraken«, wie das nordische Wort diesmal lautet, läuft der von der Seeschlange auffallend parallel, ohne doch mit ihr verwechselbar zu sein. Auch sie hat schon uralte Mythenzüge, wie sie wohl schon in der lernäischen Hydra der Griechen steckt, auch sie lokalisiert sich dann besonders stark in Skandinavien und beschäftigt dort den gleichen Olaus Magnus und den gelehrten Bischof Pontoppidan. Auch der Kraken, riesig fast wie eine Insel auftauchend, greift die kleinen alten Segelschiffe der sich wieder belebenden Ozeanfahrt an und holt sich Menschen von Bord herunter, wobei er sich statt des langen Schlangenhalses aber gräßlicher Kopfarme mit Saugnäpfen bedient, von denen, wenn man einen abhackt, immer neue herauflangen. Auch er hat noch bis ins 19. Jahrhundert seine Kronzeugen, bis er dann ebenso plötzlich für ein Seegespenst und »einen lachbaren Unsinn« erklärt wird, von dem zu reden schon zoologische Lästerung sei. Dann aber, mit der Mitte des Jahrhunderts, beginnt für ihn die eigene, die unwiderlegliche Auferstehung. Was eigentlich ein Kinderspiel schon aus all den alten Bildern und Schilderungen zu ersehen war – was selbst in gewissen verrücktesten Holzschnitten der Gesnerzeit unter der Maske von »Meermönchen« noch greifbar genug anklang, – das wurde plötzlich jetzt schlichtes, wie selbstverständliches Ereignis: daß im »Kraken« nichts anderes steckte als ein tatsächlich vorhandenes Geschlecht ungeheurer *Tintenfische*. Heute bewahren wir, wenn auch hier nicht ganze Exemplare, so doch die gewaltigen Teile solcher in unsern Museen. Die legendären Größenverhältnisse brauchten keineswegs viel davor zurückzugehen: man kennt Kolosse von 20 m Länge (also bald Brontosaurusmaßen), hat Spuren an Walfischen, wenn dieser andere Koloß mit ihnen gekämpft hatte und ebenfalls von ihren Saugnäpfen bedroht worden war; weiß (obwohl das noch immer aus äußerst seltener direkter Schau) von ihrem schaurigen Anblick im Leben: ziegelroter Farbe mit ungeheuren starr-grünen Augen. Solches Auge des Riesentintenfisches ist das größte natürliche Sehorgan der Erde: mit allein bald einem halben Meter Durchmesser. Strenge lateinische Namen sind ebenfalls längst verliehen, und man rechnet die Tiere meist zur Gattung *Architeuthis*.

Zwei lustige Figuren aus der Zeit lebhafter Volkssagen über unheimliche Meertiere im *16. Jahrhundert*, links ein sog. *Meerbischof*, rechts ein sog. *Meermönch*, beide Bilder schon damals unter starkem Vorbehalt ihrer wirklichen Treue mitgeteilt von dem zeitgenössischen Zoologen Rondelet und auch abgedruckt in *Gesners* »Fischbuch«. Der Mönch soll nach heftigem Sturm in Norwegen gestrandet, der Bischof an der damaligen polnischen Ostseeküste 1531 erschienen sein. Nicht uninteressant ist dabei aber, daß mindestens in dem Mönch noch ziemlich deutlich die Gestalt eines großen *Tintenfischs* (*Kraken*) steckt, wenn man den Menschenkopf streicht und das Bild umdreht, wobei die vermeintlichen Falten des Unterkleides sowie die Armstummel zu den tatsächlich kürzeren und längeren Armen des Tintenfischs werden. Auch bei dem Meerbischof dürfte irgend ein phantastisch umstilisiertes echtes Seetier zugrunde liegen.

Ich meine, daß man durch diesen Parallelfall doch recht vorsichtig werden sollte. Was aber für eine »Wirklichkeit« könnte dann auch in der Seeschlange stecken?

Man hat, durch einen einzigen Fall verführt, eine Weile geglaubt, es verberge sich hinter dem zuzugebenden Anblick doch kein Tier, sondern eine vom Sturm irgendwo losgerissene und in Schlängelbewegungen frei dahintreibende große Seepflanze. Solche Algen (*Macrocystis*) können in der Tat an 200 m lang werden, und ein Kapitän hat also gelegentlich eine wahre Begegnung beschrieben, bei der die Wurzelkrallen den Kopf und der Tangfaden den ungeheuren Leib einer Seeschlange verführerisch vortäuschten. Immerhin eben doch nur die Gleichartigkeit eines Ausnahmezufalls, die gegenüber den bestimmten Tierbeschreibungen der Jahrhunderte nichts beweisen kann. Es sind schon Wracks als Walfische und im Krieg ein Walfisch als U-Boot beschossen worden; trotzdem gibt es sowohl Walfische wie U-Boote weiter. Und ähnlich fallen »Erklärungen« aus reihenweise schwimmenden Delphinen, und was dieser »Hausmittelchen« des sogen. gesunden Menschenverstandes mehr sind, ab. Man wird, wenn man das Erlebnis selbst zugibt, immer wieder auf ein rätselhaftes Einzeltier zurückkommen müssen, wenn auch unter kluger Vereinfachung des auch hier nur aus Windungen roh geschätzten Größenmaßes. Ein schlangenhaftes Großtier mit vier kurzen Paddeln, die bei oberflächlicher Schau leicht übersehen werden.

Ein neuerer Bearbeiter des ganzen einschlägigen Materials hat denn auch mindestens auf eine noch unbekannte, gewaltige *Robbe* raten zu müssen geglaubt. Aber ich sehe auch keine rechte Robbenform, es bleibt auch hier immer der Einschlag des Reptilischen.

Dagegen sprach ich vorhin einmal von dem hübschen Märchen Jules Vernes mit der Riesenhöhle unter dem Meeresboden voller Ichthyosaurier. Unsere wirkliche Höhlenforschung (die immerhin bei der nordamerikanischen Mammuthöhle 200 km Ausdehnung feststellen durfte) hat allerdings von Tierwelt dort stets nur harmlose blinde Fischchen, Olme und Gliedertiere gefunden. Aber wir wissen jetzt, daß die *Tiefsee*, die unterhalb der ersten 400 m beginnt, selber nichts viel anderes als eine ungeheure Wasserhöhle darstellt, viele Tausende von Metern oft noch für ihr Teil hinab und jenseits jener Grenze ebenfalls in ewige stygische Nacht getaucht. Und hier hat uns die emsige neuere Tiefseeforschung bereits eine sehr vielfältige und zum Teil auch überraschend bizarre Tiergestaltung kennen gelehrt. Besonders Fische haben sich gewissen Räumen dieses finstern und allmählich unter immer höherem Druck stehenden Tartarus wunderbar mit den kühnsten Sonderapparaten angepaßt.

Ob es sich bei der Seeschlange einfach um einen ungeheuren *Tiefseefisch* solcher Art handeln könnte? Der viel zu groß wäre, als daß bisher eines unserer schwachen Tiefennetze seiner hätte habhaft werden können? Der spiegelglatt und kohlschwarz wäre, wie die meisten da unten? Vielleicht mit bunten Leuchtorganen am Kopf (auch solches Leuchten kommt in den Schilderungen der Seeschlange vor) oder doch mit dem roten Lichtreflektieren im Auge, das bei frisch heraufgeholten Krebsen stets das Staunen der Tiefseeforscher weckte? Der (gleich andern Tiefseelern der ersten Dunkelschicht) vielleicht nur ab und zu nachts auch die Oberfläche selbst besuchte, am Tage dort aber immer nur ein verirrter Fremdling wäre, den irgendein besonderes Ereignis herauf verscheucht? (In einer neueren Beschreibung tauchte die Seeschlange inmitten der Wassertrübung einer untermeerischen Katastrophe plötzlich auf.)

Doch die vier Paddeln würden ja auch nicht für einen solchen Fisch sprechen. Ob diese unermeßliche, seit dem Mittelalter der Erdgeschichte bestehende und trotz aller Mühe doch noch so wenig erschöpfend durchforschte »Höhle« der Tiefsee wirklich auch in jenem Sinne des geistvollen alten Plauderers noch – *Urweltliches* erhalten haben könnte?

Gleich die ersten Schleppnetzzüge holten ihrer Zeit von da unten die herrlichsten vorweltlich anmutenden Seelilien herauf. Eine Weile glaubte man geradezu noch in das Jura- und Kreidemeer einzutauchen. Ganz hat sich das zwar nicht bewährt, aber es blieben doch mehrfach Vorzeitler auch bei Krebsen und Seeigeln aus jener geologischen Mittelzeit. Ob also auch einer der großen meerbeherrschenden Saurier bei dem »großen Sterben« hier in der Tiefe ein Asyl gesucht und gefunden hätte? Vielleicht auch in raffinierter Atmungsanpassung ähnlich jenen echten Seeschlangen oder gewissen Schildkröten (Trionychiden), die mit Hilfe kiemenartiger Rachenatmung bis 15 Stunden unter Wasser bleiben können? Das meiste eben von solchem riesigen Tiefseefisch Angedeutete könnte ja auch hier gelten. Es brauchte auch bei ihm noch keine Anpassung wirklich großer Tiefen zu sein. Etwas Dämmerzone hätte vielleicht schon genügt, um irgendeiner Gefahr der neueren Zeitwende zu entziehen. Wobei gerade das Asyl in diesem Falle bei einem Meeresbewohner leicht die Statur selbst noch hätte steigern können. An welches reptilische Ungeheuer als Modell aber möchte man diesmal denken?

Doch wohl am ehesten an einen jener *Mosasaurier*, die noch spät in der Kreide blühten, alle Ozeane in Längen weit über das größte heutige Riesenschlangenmaß durchschwammen – durchpaddelten, darf man jetzt geradezu sagen. Denn von den echten Eidechsen, etwa der auf dem Lande heute noch gedeihenden Waran-Gruppe, ausgegangen, hatten sie sich zwar mit ihren bis hundertdreißig Wirbeln dem Extrem einer richtigen Wasserriesenschlange genähert, konnten auch ihr Maul aufreißen um die Wette mit solcher Schlange, waren aber in der Vierbeinigkeit der alten Eidechse treu geblieben. Nur daß im Wasser eben auch diese Beine reine Ruderpaddeln an kürzestem Stiel wurden. Die verwegensten Sachen würden auch sonst bei unserer »Seeschlange« auf solches noch erhaltene »Relikt« eines nur äußerst selten sich bei Tage oben sichtbar machenden Tiefsee-Mosasauriers passen: so der mähnenhafte Kamm und die fischhafte Schwanzflosse.

Kein Zweifel wieder: es liegt etwas direkt verführerisches auch in dieser Vermutung. Natürlich noch kein zwingender Beweis, selbst das Dasein eines schlangenhaften Riesenseetiers objektiv zugegeben – so wenig wie von Steins Landungetüm nun notwendig grade ein Brontosaurus sein muß. Ich sage nochmals: es bedarf nur des ersten Schritts. Und der Rest muß Abwarten sein, aber (auch das nochmals) auf jeden Fall eine Aufgabe und keine Lächerlichkeit. Wobei ich zum Schluß auch betonen möchte, daß z. B. der chinesische Drache sehr starke Züge jetzt wieder einer solchen mosasurischen Gestalt weisen würde, wozu paßte, daß der Drache dort in der Überlieferung so stark Wassertier ist.

Wem aber selbst dieser Gedanke noch zu kühn wäre, der könnte an einen fünften und nüchternsten Ausweg denken.

Der chinesische Drache als Ornamentfigur auf einer chinesischen Fahne (Museum für Länder- und Völkerkunde – Lindenmuseum – in Stuttgart). Ein drachenhaftes Wesen spielt in Sage, Symbolik, Medizin und Kunst auch der Chinesen seit alters eine ungeheure Rolle. Es wird bald als Wassertier, bald als geflügeltes Luftgeschöpf, das den wohltätigen Regen bringt, gedacht und gefeiert und im Kunstornament wechselnder Richtungen sehr verschieden, doch durchweg mit Füßen, dargestellt. Fossile Tierknochen des heimischen Bodens werden stets darauf gedeutet.

Es klingt fast trivial, daß Mensch und Saurier schließlich doch auch so zusammengekommen seien, daß wir ihre Skelette wieder zusammengesetzt und wenigstens in der wissenschaftlichen Phantasie neu zu beleben versucht haben.

Wie wir sahen, ist diese Weisheit kaum mehr als hundert Jahre alt. Seither mag auch einmal ein moderner Drachenmaler den Pterodaktylus aus Zittels Handbuch kopiert haben, wie denn eine findige und mit dem neuen Geiste gehende Theaterintendanz gelegentlich von mir ein Bild des Stegosaurus für einen neuen Wagnerlindwurm anforderte. Aber die vieltausendjährige Drachensage kann doch nicht auf unsere Wiederherstellungen gehen.

Es ist immerhin auch von hier ein Anhalt gesucht worden, und gerade bedeutende Paläantologen sind ihm von je geneigt gewesen.

Gewiß, unsere Wissenschaft von diesen Dingen ist neu. Aber vorweltliche Knochen sind auch in alten und ältesten Tagen selber immer schon gelegentlich einmal ans Licht gekommen, haben Aufmerksamkeit und Staunen geweckt. Man bezog sie vielfach auf ehemalige menschliche Riesen – warum nicht des öfteren auch auf schreckhafte Untiere? Warum sollte also nicht, wenn das Leben versagte, doch dieser Kirchhof wie später die Wissenschaft, so bereits Jahrtausende früher auch die Sage unabhängig erzeugt haben? Dabei konnten aber auch Saurierknochen sein, und sie hätten vielleicht die engeren Züge dort hinüber bedingt . . .

Durchdenkenswert ist natürlich auch das.

Mancherlei Material ist von Freunden des Gedankens, alten und neuen, aufgefahren worden.

Der Chinese bezeichnet seit alters jeden fossilen Knochen seines (wie wir jetzt wissen) daran ja so reichen Landes als Drachengebein – nebenbei wieder ein Grund für sich, daß er beim Drachen nicht bloß an das kleine lebende Krokodil seiner Flüsse denkt; da er jeden solchen Fund zugleich als Heilmittel (denn ihm ist der Drache auch wohltätig) in die Apotheke gibt, mag er schon einen erklecklichen Teil unersetzlichen Wissenschaftsstoffs so verpulvert haben – ähnlich wie in Predmost in Mähren ein ungeheures Mammutknochenlager jahrelang für Felddünger verwertet wurde.

Mehrfach hat sich die Drachensage bei uns auf Höhlen lokalisiert, wo der diluviale Lehm grimme Gebißreste des Höhlenbären offenbarte – ein Höhlenbärenschädel dieser Art ist bis auf unsere Zeit in einem Kloster als Drachenkopf bewahrt worden. In Klagenfurt galt als solcher gar ein diluvialer Rhinozerosschädel, und auf dem Teil des Lindwurmdenkmals von 1590 hat ihn der zeitgenössische Künstler dort als Modell benutzt.

In Tübingen glaubt man in solchem Drachenbilde aber geradezu auch das Urkrokodil *Belodon (Phytosaurus)* getroffen, das der schwäbische Keuper noch in Menge an den Tag wirft, und wie weit mögen in der Hohenstaufengegend dort auch einzelne Ichthyosaurusfunde schon zurückliegen, lange ehe man ihre wahre Bedeutung erkannte.

Ich will, wie gesagt, den Wert auch dieser Erklärung keineswegs unterschätzen. Aber daß die ganze Drachensage *überhaupt* aus solchen kleinen Ortsfunden des toten Materials entstammen könne, will mir nicht einleuchten.

Ich verstehe nicht, wie Höhlenbären- oder Rhinozerosfunde ursprünglich auf ein ungeheures reptilhaftes Schuppentier mit Krokodilkopf und häutigen Flügeln hätten führen können – verstehe dagegen wohl das Umgekehrte: daß von einer in anatomischen Kenntnissen noch schwachen Zeit beliebige solche Säugetierknochen oder -zähne auf das schon *vorhandene* Sagenbild bezogen wurden.

Hineingespielt werden solche Funde natürlich vielfach haben, sie werden Lokalisierung der Sage begünstigt und Künstler, die ein Modell brauchten, beeinflußt haben. Aber zu alledem mußte die »lebendige« Sage als solche schon da sein. Durchaus stimme ich hier Dacqué bei,

daß die Sage von *Lebens*gestalten ausgeht und niemals Kirchhofsgut ursprünglich aneinander-
stückelt.

In Klagenfurt selber war nach Puschnigs verdienstvoller Angabe die Drachensage erweislich
sehr viel älter als der Fund jenes Rhinozeroskopfs, der den späteren Künstler angeregt hat.

Wenn der Chinese seinen Drachen ohne Untersuchung in jeden ehrwürdigen Knochen hineinsieht, so muß auch er eben schon die Drachenidee fertig im Kopf haben, wie der gläubi-
ge Buddhist seinen Heiligen hat, wenn er kurioses Steingebild auf Ceylon als dessen riesige
Fußspur deutet.

Und das gilt doch wohl auch von den vermuteten direkten Saurierzügen.

Eine ganz lokale Sache wie ein paar unpräparierte alte Saurierbrocken in dem zufällig daran
reichen Schwaben können schwerlich bis nach Babylon oder China gewirkt und die meist winzigen Pterodaktylus- oder Rhamphorhynchus-Schattenbildchen des Solnhofener Steins, selbst
wenn sie beim frühesten Abbau durch die Römer schon beachtet worden wären, nicht die Hautflügel des weltweiten Drachentyps erzeugt haben.

Im Museum heute sehen ja alle diese Funde, sauber aufmontiert und in Reihen zusammen-
gestellt, fabelhaft anschaulich aus; aber wie weit wäre der Weg gewesen, wenn nicht die Sage
schon ein Grundmodell hinzugetragen hätte; hatte doch die alte Naivität vielfach noch gefragt,
ob Versteinerungen überhaupt je Fleisch und Blut gehabt hätten und nicht bloß Naturspiele,
im Mineral selber entstanden wie eine Kristallbildung, darstellten.

Also ans eigentliche Ziel kann, scheint mir, auch dieser Weg nicht führen, so interessant er
für einzelne Bezüge zweiter Hand sein mag.

Ich versuche noch ein Letztes als Sechstes, um den Leser immerhin mit einer wenigstens
»lebendigen« Deutung zu entlassen, so wenig natürlich auch sie völlige Gewähr bieten kann.

Es wird vielleicht aufgefallen sein, daß in der ganzen Darstellung bisher *eine* Sauriergruppe
nur einmal nebenher anklang: nämlich die der echten *Eidechsen*.

Dabei hat doch auch sie gerade die Eigenschaft recht urweltlichen Alters, möglicherweise bis
zur altafrikanischen Trias zurück. Und ebenso nachhaltig die der Überwindung jenes »großen
Sterbens« in unverwüstlicher Jugendkraft, maßen sie heute noch in mindestens 20 Familien
mit weit über 2000 Arten in allen nur halbwegs wohnlichen Zonen der Erde frech, bunt und
vielgestaltig gedeiht. Die ganze Tertiärzeit, wo es keinen Plesio- oder Dinosaurier mehr gab, hat
sie flott erfüllt, sogar bei den zeitweise dort herrschenden wärmeren Allgemeinverhältnissen
entsprechend mit vermehrter Wucht.

Nun ist aber nicht nur mir, sondern auch andern seit längerer Zeit grade bei diesen echten
Eidechsen etwas ganz Besonderes aufgefallen.

Sie machen den Eindruck, als wenn sie fast die gesamte ungeheure und oft so bizarre Gestal-
tungskraft der verloren gegangenen alten Saurier, insbesondere der Dinosaurier, noch einmal für
sich beschlagnahmt und ausgelebt hätten – allerdings durchweg in sehr viel *kleinerem* Maßstabe.
Gleichsam mehr oder minder als eine Miniaturschöpfung, die nochmals und nachträglich dem
Riesenspiel der Alten in lustigem Maskenball wie scherzend parallel lief.

Da sehen wir besonders bei vielen tropischen Arten alles Tollste von damals an molchhaft
hohen, zackigen und gesteiften, manchmal an Indianerputz erinnernden Hautkämmen, an Hel-
men, Kehlsäcken, Judasbärten, Dornschwänzen, Tannzapfenpanzern, Nasenhörnern und Kopf-
stacheln bis zur schier unmöglichen äußeren Umrißbizarrheit wiederholt.

Gewisse Chamäleonarten starren von scheinbar feindlich aufgepflanzten Schnauzenbajonet-
ten, wie nur das verwegenste Horndrachenvolk der Kreide selbst. Bald wächst ihnen solches
Bajonett mit knöcherner Einlage einzeln von der Nase in die Weite vor, bald verdoppelt es
sich zu zwei dreikantigen Spitzkolben, die wieder halb zur zweizinkigen Gabel oder ganz zum
riesigen Schnauzenschwert verschmelzen können. Oder sie dräuen mit drei parallel nach vorne
gerichteten Hörnern – eines auf der Nase, zwei über den Augen – jetzt täuschend der alte Tri-
ceratops jener Horndrachen im Kleinen. Noch wieder andere führen Hinterhauptslappen, die
beim erregten Tier ohrenartig abstehen.

Der sog. Moloch Australiens ist umgekehrt bedornt am ganzen sichtbaren Leibe gleich einem Polakanthussaurier jener Heroenzeit.

Die Kragenechse ebendort läuft mit frei erhobenem Schwanz und schlaffen Vorderbeinchen bis 40 Fuß weit auf den langen Hinterbeinen wie ein putzig winziger Megalosaurus dahin und treibt gereizt dabei einen Halskragen, der von strahlig gestellten Knorpeln gestützt wird, auf, der nun seinerseits eine maskenhaft leichte Nachahmung des schweren Knochenschirms der Hornsaurier zu bilden scheint. Ein solches Laufen auf den Hinterbeinen wird gelegentlich auch von den meterlangen amerikanischen Tejus berichtet.

Wohl wahrt das alles zumeist einen wirklichen Zug zum Spiel.

Die Dolche und Hörner dieser Chamäleons stoßen und stechen nicht mehr, sondern scheinen reiner Geschlechtsschmuck geworden, der Moloch bildet keine echte böse Distel, an der man sich verletzen könnte; im Schirm der Kragenechse fehlt die wirkliche steinerne Wehr, die dem alten Drachen als Bastei gegen andere anspringende Riesen um den Nacken hing.

Aber man braucht sich solche Klein-Eidechsen nur entsprechend groß zu denken und die ganze Saurierheldenzeit schiene erneut anzurücken. Die Meisterhand Richard Müllers hat gelegentlich den Kampf eines nackten Menschenpaars mit einem solchen fingiert riesigen Chamäleon dargestellt (in Wahrheit ist es der friedlichste Geselle für uns) – man kann nicht leicht etwas Grausigeres sehen.

Entsprechend schauten wir dann aber auch den Sagendrachen in seiner furchtbarsten Gestalt belebt. Noch starrt auch den kleinsten dieser Eidechsen durchweg das Maul von Zähnen, die Mehrzahl ist noch immer wilder Fleischfresser – gib die Statur, und der Drache stürmt dir zu.

Grade hier aber fügt sich jetzt auch noch etwas ganz Apartes in das Bild.

Es lebt ein Geschlecht solcher Eidechsen, das noch heute geschickt zu – *fliegen* versteht.

Kleine, wie blaue und gelbe Edelsteine in den herrlichsten Farben aufblitzende Geschöpfchen auch das, die aber in und zwischen ihren Wohnbäumen der insulindisch-australischen Tropen bis 23 m weite Flüge ausführen, wobei sie Hindernissen auszuweichen und ihr fernes Ziel mit Sicherheit zu erreichen verstehen. Beobachter wissen nicht genug zu erzählen, wie sie so gleich herrlichen Schmetterlingen oder Orchideenblüten anschweben. Ihre Heimat ist Flugland ersten Ranges, dort fliegen neben echten Flugfüchsen (Fledermäusen) der Flattermaki und die Flugbeutler, schwebt auf seinen sonst überflüssigen Schwimmhäuten der ebenfalls baumbewohnende Flugfrosch (*Rhacophorus*), ja kommt eine Schlange, die Goldschlange (*Chrysopelea*), auf der Hohlkehle ihres Bauches wie ein fliegender Pfeil schräg durch die freie Luft von ihrem Ast heruntergeschossen. Unser schmetterlingsbuntes Eidechslein aber fliegt ganz besonders sinnreich auf einem in der Ruhe zusammenklappbaren häutigen Fallschirm, der jederseits von den sog. falschen (frei endenden) Rippen wie mit den Fischbeinen eines Regenschirms gesteift wird, ohne daß die Gliedmaßen selbst davon irgendwie in Anspruch genommen würden. Harmloser Insektenjäger, hat der flinke Geselle doch besten Vorteil auch von seinem Flug, der ihn solches fliegende Insekt selber in der Luft erhaschen läßt.

Unwillkürlich schweift unser Gedanke aber bei diesem Apparat zu Gesners und Kirchers Drachenbildern zurück.

Es ist an sich durchaus nicht unmöglich, daß jene kleinen getrockneten Flugdrächelchen, die Cardanus zu Paris sah, bereits solche vielleicht etwas verstümmelten Sunda-Eidechschen waren, die der neue rege Handel der Zeit von dort herübergebracht hatte in der gleichen Weise, wie dem Cardanus auch bereits der Balg eines Paradiesvogels von den Grenzen Neuguineas zu Händen kam.

Jedenfalls hat später Linné unser Kerlchen gekannt und, in halb humoristischer, halb resignierter Erinnerung an den damals gerade wissenschaftlich ganz versinkenden Sagendrachen, *Draco volans*, also den »fliegenden Drachen« getauft – der Name, den es heute noch systematisch führt.

Aber dächten wir uns auch dieses »Drächelchen« (denn so hätte Meister Linné es besser bezeichnen sollen) dinosaurierhaft groß in den Maßen eines Hornsauriers etwa – es wäre kein

Pterodaktylus mit Flugfingerhand, sondern führte ganz etwa wie der »Rhodische Drache« bei Kircher gesteifte häutige Seitenflügel ohne Bezug zu den vier Gliedmaßen.

Sehr denkbar, daß auch sie wenigstens bei so groß gedachtem und entsprechend schwerem Tier nicht mehr wirklich durch die Luft tragen würden, sondern bloß noch schwirrend den schnellen Lauf wie bei einem am Boden gleitenden Fluginsekt unterstützen könnten, so daß der Unhold pfeilschnell anhäme – genau wie es Kircher beschreibt . . .

Aber solche *großen* Eidechsen, die saurierhafte Sagendrachen für die erwachende Menschheit hätten spielen können, hat's doch nie wirklich gegeben! Dieser Maskenball der Epigonen versank eben in seinem ewigen Liliputertum, nachdem die Heldenzeit des Reptilstammes vorbei.

Gemach! Wir wollen auch da noch einen Augenblick überlegen.

Die meisten jener Wundertypen vom Echsenvolk konzentrieren sich heute gegen die nahe zusammengehörigen Familien der sogen. *Agamen* und der *Leguane* – so Molch, Flugdrache, Kragenechse, Helmbasilisk u. a.

Dabei wird aber der echte Leguan in größter Art immerhin noch ungefähr menschengroß: bis nicht ganz 2 m, und stellt auch etwa als reichlich phantastischer gehörnter Nashornleguan in Gebiß und Stachelschwanz solchem Menschen durchaus keinen zu verachtenden Gegner gegenüber, wenn es gilt, – doppelt unheimlich, wo der Typ auch noch gelegentlich, wie in Mexiko, satansschwarz ist. In der Lebensweise stehen neben Landformen auch ausgesprochene Formen des Wassers – ja der wunderbare, in der ganzen heutigen Schöpfung einzigartige Amblyrhynchus-Leguan der einsamen äquatorialen Galapagosinseln haust sogar gewohnheitsmäßig an der Brandungszone des Meeres und frißt Tang, während jener Nashorn-Leguan je nach Gelegenheit Vegetarier oder Fleischfreund ist, der selbst starke Hühner zerreißt. Heute überwiegend Tropenamerikaner (gegen die Agamen als Altweltler) haben in der warmen Tertiärzeit grade Leguane sich auch in Menge in Europa (bis nach Schwaben) gezeigt.

Ob es denkbar wäre, daß doch in dieser langen und ihnen lange so günstigen warmen Tertiärzeit auch die echten Eidechsen noch einmal einen auch darüber hinausgehenden Größenanlauf für ihr Teil unternommen und einigermaßen drachenhafte *Riesenagamen* oder *Riesenleguane* erzeugt hätten, denen der Mensch noch begegnet wäre? Ein unmittelbarer Skelettanhalt dafür ist allerdings bisher nicht erbracht worden.

Wohl aber macht sich hier etwas geltend für solchen Größenwuchs auch der nachurweltlichen Eidechsen überhaupt.

Es gibt nämlich eine andere, ebenfalls nicht allzu fern verwandte Eidechsenfamilie, in der Gestalt nicht ganz so extravagant, die doch auch heute noch den Größenrekord dieser Eidechsen wahrt und zwar als solchen eine denn doch sehr achtenswerte Größe.

Es sind das die sog. *Warane* (*Varanidae*).

Die Eidechsenfamilie der Warane (der Name, vom arabischen Ouaran für Eidechse allgemein, ist ohne Bezug zu unserm Wort warnen) stellt anatomisch wie geistig die höchste Spitze der ganzen Eidechsenentwicklung dar.

34 Arten leben heute noch, alle jetzt altweltlich asiatisch, afrikanisch und stark auch australisch, während Fossilreste aus dem Tertiär ebenso in Nordamerika und Europa liegen.

In der Kreide verknüpften sie sich durch die sog. Aigialosauriden mit jenen seeschlangenhaften Mosasauriern.

Je nach der Art nehmen sie mit der trockensten arabischen oder transkaspischen Wüste vorlieb oder leben halb im Wasser wie ein Krokodil, führen auch je nachdem gelbbraune Sandfarbe oder das Bunt des feuchten Tropenurwaldes; der australische Buntwaran ist blau und gelb wie ein Papagei.

Manchmal hat ihr Wesen etwas schlangenhaftes, wohin auch die riesige hornige Zungengabel weist.

Je nach Größe proben die Warane ihr mächtiges Gebiß und ihre starke Schluckfähigkeit an allerlei Getier (ich selbst habe einen großen Waran der gleich noch zu schildernden Komodo-Art im Zoo ein totes Kaninchen auf einen Ruck mit Haut und Haaren herunterschlucken sehen), sind also durchweg fleischfressende Räuber im eigentlichen Sinne, auch wild und verwegen wie solche, wenn man sie in die Enge treibt.

Ein gereizter Waran springt unter Umständen in meterhohem Satz rücksichtslos den Menschen an und beißt sich Pferden oder Kamelen unter den Bauch. Wobei er bald mit den Zähnen zupackt, bald sich der gewaltigen Muskelkraft seines Schwanzes zu bösen Schlägen bedient.

Eine Schilderung des Wüstenwarans durch Zander gibt von diesem Temperament ein fast grausiges Bild. »Nähert man sich einem ungezähmten Waran, so beginnt er meist mit Erheben des Kopfes und unruhigem Aufblähen und Zusammenziehen der sehr ausdehnbaren Kehle, atmet dann tief ein, bis er tonnenartig aufgebläht ist, wobei es mir scheint, als erhöhe sich die Nackenhaut, und bläst dann die Luft unter lautem Zischen aus. Darauf erhebt er die Rippen, so daß er ungemein breit, aber ganz platt wird, hebt die dem Angreifer zugekehrte Seite und legt den Schwanz, ihn nach Möglichkeit krümmend, auf die abgewandte Seite, den Kopf schief legend und dabei einziehend, so daß der Hals eine S-förmige Biegung macht. Darauf erfolgt der Schlag, der merkwürdig gut gezielt zu sein pflegt, so daß etwa die am Boden hinkriechende Schildkröte ebenso sicher getroffen wird, wie die bis 60 cm über den Fußboden gehaltene Hand. Das Tier läuft mit gesenktem Kopf, ziemlich hochbeinig und steif, sehr graden Weges, wenig schaukelnd, den Schwanz (im leichten Bogen nach oben) wagerecht tragend und mit ihm und dem Körper, von oben gesehen, keine wesentliche Schlangenlinie machend.«

Meint man nicht auch hier, im kleinen etwas von dem *babylonischen Drachen* zu sehen?

Dabei ist es aber auch mit dieser »Kleinheit« diesmal so ein Ding.

Der indoaustralische Bindenwaran (*Varanus salvator*) wird (lange als größte Eidechse angesehen) in allerdings außergewöhnlichen Fällen gegen 3 m lang, also fast zweimal ein mäßiger Mensch.

In neuester Zeit erregte es dann Aufsehen, daß auf einem Sundainselchen noch jetzt eine sehr viel gewaltigere Art leben sollte.

Zufällige Besucher der kleinen holländischen Insel *Komodo*, die sich in der langen vulkanischen Trümmerlinie östlich von Java zwischen Soembava und Flores schiebt, glaubten schon vor 20 Jahren zu ihrer höchsten Überraschung dort abenteuerliche Landeidechsen bemerkt zu haben, die alle je vermuteten Riesenmaße noch weit zu überbieten schienen – Beweis, was sich an zoologischen Wundern selbst noch an vielbefahrener Kolonialstraße offen darbieten könnte, ohne bisher seinen Zoologen gefunden zu haben.

Jenseits 1910 gab dann ein Angestellter der bei Komodo stationierten Perlenfischerflotten, Aldegon, die ersten so sicheren Anhalte, daß sich jetzt [ein] solcher Fachzoologe doch einmischen konnte, nämlich der Kustos am Zoologischen Museum zu Buitenzorg (Java), Oberst Ouwens. Er bestimmte 1912 das fragliche Ungeheuer in der Tat auch auf einen Waran, dem er den Namen *Varanus komodensis* verlieh. Die einheimische Bezeichnung lautete »*Boeja darat*«, das ist »Landkrokodil«. Die Größe aber gab Ouwens nach seinem Gewährsmann diesmal auf volle 7 m (!) an, wenn auch ihm selbst im Augenblick noch kein so mächtiges Stück in seinem Museum vorlag.

Man hätte annehmen sollen, daß diese Ziffer sofort das entsprechend kolossalste wissenschaftliche Aufsehen machen werde. Aber der wenig später ausbrechende Weltkrieg ließ die Entdeckung zunächst noch einmal völlig in den Hintergrund treten.

Erst als 1923 der zoologisch so verdiente Herzog Adolf Friedrich von Mecklenburg eine schöne Haut von allerdings zunächst auch nur 2,40 m Länge fürs Berliner Museum heimbrachte, regte sich das Interesse neu. Es wurde von Berlin eine Expedition geplant, der zwei amerikanische und eine holländische zuvorkamen, und damit begann sich allmählich helleres Licht nun auch in diese seltsamste Angelegenheit hinein zu verbreiten. Zur rechten Zeit.

Denn inzwischen hatten weitere Laiengerüchte und voreilige Zeitungsberichte das Ganze auch bereits aufgegriffen und in ihrer Weise ausgeschlachtet. Der neue Koloß sollte Menschen fressen, Pferden mit seinem Schwanz die Beine zerschmettern, schnell wie ein Automobil sein bei Unverwundbarkeit selbst für das Feuergewehr, ja auf zwei Beinen laufen wie ein wirklicher Dinosaurier. Was dann besonnen auch hier erst wieder etwas heruntergeschraubt werden mußte – es blieb aber des Unerwarteten auch für einen Waran immer noch genug.

Ich verdanke Dr. Heinroth, dem hochverdienten Direktor des Berliner Aquariums, einige nunmehr *echte* Angaben in diesem Sinne, die ich noch aus Zusammenstellungen von Walter Bernhard Sachs und Professor Einar Lönnberg (Stockholm) ergänze. Für die Bildaufnahme nach der Natur bin ich Seitz (ebenfalls vom Aquarium in Berlin) verbunden.

Der *Komodo-Waran* lebt außer auf Komodo selbst auf dem dicht benachbarten kleinen Rietja und noch einem Teil von Flores. Komodo ist jenseits eines Küstenwaldes im Innern felsig und zerklüftet, und in dieser Vulkanöde hausen die Tiere noch in großer Zahl.

Die Insel ist seit langer Zeit Deportationsort für politische Sträflinge.

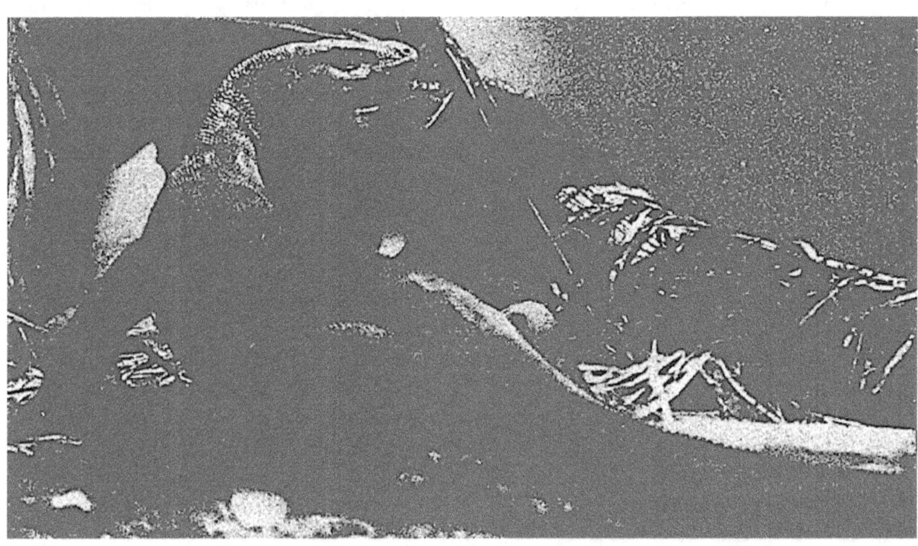

Der riesige *Komodo-Waran* (*Varanus komodoensis*), die größte lebende Eidechsenart der Erde, 1912 zum erstenmal beschrieben von der kleinen Insel Komodo östlich von Java. Das Tier hat auch bei mäßiger Schätzung erwachsen mehr als die doppelte Länge eines großen Menschen und besitzt ein gewaltiges Fleischfressergebiß, (Aufnahme nach dem Leben mit gütiger Erlaubnis der Leitung des Aquariums im Berliner Zoologischen Garten veröffentlicht)

Man fragt sich, wovon ein so großes fleischfressendes Geschöpf sich dort regelmäßig ernährt. Hühner rauben die Rieseneidechsen jedenfalls sogleich fort, werden auch leicht in Bambuskäfigen mit solchem Hühnerköder gefangen. Nach andern durchaus einstimmigen Berichten, die Lönnberg anführt, fraßen sie aber auch die Kadaver bei Jagden frisch geschossener Hirsche und Wildschweine, wie sie auf der Insel häufig sind, jedesmal gierig auf, wobei sie mit »ihren sichelförmigen, scharfen Zähnen« große Stücke ergriffen und losrissen, »indem sie ihre Füße anstemmten und wiederholt kräftig ruckweise zogen. Die größten Männchen können in dieser Weise eine ganze Hirschkeule losreißen und verschlucken«.

Das Geruchsvermögen scheint weit besser ausgebildet als das Gehör.

Dem Menschen gegenüber sollen sie nicht scheu sein, aber auch nicht ohne weiteres bei harmloser Begegnung angreifen. Ein Exemplar im Berliner Aquarium von nur zwei Meter Länge, das man mit Fleisch, ganzen kleinen Kaninchen, Ratten, Eiern füttert, ist bald völlig zahm geworden. (Man findet das ja oft bei unbehelligten Inseltieren.)

Es sind nämlich sogleich ein paar lebende Exemplare auch an Zoologische Gärten abgegeben worden, während der Rest glücklicherweise unter Naturschutz gestellt ist.

Im Übrigen leben sie ausschließlich auf dem Lande. Nachts sollen sie sich in selbstgegrabene Höhlen zurückziehen.

Im Bau ist das Tier sehr viel kräftiger und untersetzter als der Bindenwaran, die Schnauze stumpfer, die Färbung ziemlich einheitlich dunkelbraun bis schwarz. Die Zunge, wenn sie aus dem bösen Gehege der Zähne vorkommt, gelbweiß. (Mir ist gelegentlich aufgefallen, daß solche geschnellte Zunge großer Eidechsen, wo sie rot ist, geradezu auffällig an die Feuerflamme erinnert, die die Sage aus dem Schlunde des Drachen fahren läßt.) An den dicken Zehen dräuen unheimlich große Krallen.

Nach all den wilden Gerüchten scheint die wahre Gesamtlänge ja nun immerhin strittig zu sein.

Gar kein Zweifel, daß sie auch über den größten bisher bekannten Bindenwaran noch weit hinausgeht – wobei überall ins Gewicht fällt, daß bei diesem der lange Schwanz hauptsächlich die Länge bestimmt, während beim Komodotier dieser Schwanz sehr viel kürzer und dafür der eigentliche Kerl, an dem er sitzt, um so robuster ist. Das anfängliche erregende Siebenmetermaß hat sich aber bisher auch an dem weiteren lebenden wie toten Material in echter Zoologenhand nicht bestätigen wollen.

Im Berliner Museum für Naturkunde befindet sich jetzt ein zweites, geschickt aufmontiertes Exemplar von 2,60 m Länge; es rührt von dem einen der beiden durch den Resident-Assistenten Rookmaker auf Flores lebend nach Berlin gestifteten Stücke, deren größeres leider auf dem Transsport einging. Das Frankfurter Senckenbergmuseum hat eine etwas defekte Haut von mindestens 3,25 m erhalten. Nach amerikanischen Ausbeuten will Wolterstorff die heute *gesicherte* Größe vorsichtig mit 3,65 m abgrenzen, worüber eine gemäßigte Vermutung immerhin bis 4 m schweifen könnte.

Andererseits teile ich aber völlig Sachs' Meinung, daß dem noch immer die bestimmte Aussage von Ouwens erstem Gewährsmann entgegensteht, der seiner Zeit (vor jetzt schon wieder vielen Jahren) Riesenexemplare von 6-7 m sicher erlegt haben will, und nach dem diese wahren Kolosse sich eben wegen der häufigeren Beunruhigung seither in die schwer zugänglichen Gebirgsgebiete zurückgezogen hätten. Gerade diese ersten Aldegonschen Mitteilungen haben sich sonst (für Lebensart u. a.) sämtlich an den später eingebrachten lebenden Stücken nur bestätigen können. Man wird auch an die alte Jägererfahrung denken müssen, daß nachkommende Besucher auf so engem Fleck oft schon nur noch eine Auslese des schlechteren und jüngeren Materials vorfinden.

Schließlich bleiben aber auch nur 4 m eine imponierende Sache, wenn man bedenkt, daß es die volle Länge eines größten indischen Nashorns ist, und sich jene oben geschilderte Angriffsart eines solchen großen Waran in der höchsten Erregung vergegenwärtigt. Man muß sich auch dazu das unheimliche Tier sehr dick und mit dem breiten Hechtkopf auf hohen vier Beinen mit vom Boden abgehobenem Körper vorstellen – in seiner Wildnis natürlich ganz anders keck beweglich als bei überfütterten Gefangenschaftsstücken.

Die Zahnbewaffnung wird von Lönnberg als geradezu »fürchterlich« beschrieben, sie ist mehr als doppelt so stark als bei dem bisher größten Bindenwaran. »Die längsten Zähne in der Mitte des Oberkiefers ragen etwa 15 mm über den Kieferrand.« »Die Zähne sind mit ihrer Spitze nach hinten etwas gekrümmt und enden sehr scharf.« »Die größte Dicke ist vorne an der Basis, und der Zahnkörper wird nach hinten dünner, so daß die Hinterseite eine scharfe und außerdem feingesägte schneidende Klinge bildet«, die sich am Vorderrand wiederholt. »Man muß also gestehen, daß die Zähne sich ganz vorzüglich zum Zerfleischen eignen. In betreff ihrer Gestaltung sind sie gleichzeitig nach dem Prinzip eines T-Balkens gebaut, wodurch sie eine vergrößerte Zugfestigkeit bekommen und also für Festhalten der Beute sich gut eignen.« Ein Prinzip, das einzelne der alten Riesendinosaurier bis zum Extrem getrieben hatten, ist auch hier wenigstens angedeutet, indem »für jeden fertigen Zahn mehr als ein Ersatzzahn in Bildung begriffen ist,« die bei gelegentlicher Beschädigung die Lücke sofort wieder füllen. Alles in allem kommt auch so schon kein übler »Drache« heraus.

Nun ist aber unsere Kenntnis *früherer* Warangrößen tatsächlich auch damit noch nicht erschöpft.

Ich sagte, daß es Warane im warmen Alttertiär (in der Zeit, da tropische Fächerpalmen bis zu uns gediehen) auch nach Europa hinein gegeben hat (*Varanus Cayluxi* in den sog. Phosphoriten von Quercy in Südfrankreich ist eine große europäische Form aus dem Oligozän, also einem nach sehr frühen Abschnitt der sogen. Tertiärperiode[8]. Jener Komodotyp gehört aber enger zu einer Gruppe ausgestorbener Warane Australiens aus der Diluvialzeit. Schon bei einem solchen Diluvialwaran dort wurde nach den erhaltenen Resten auf Großkrokodilstatur geschlossen, und es ist bezeichnend, daß auch Mindestansetzung bei Komodomaß bleiben würde. Aus eben diesem Australien hat man aber schon vor Jahr und Tag einen nächsten Waranverwandten aus Knochenüberbleibseln bestimmt (*Megalania prisca*, Familie der Megalaniden von Queensland), der ebenfalls noch in der Diluvialzeit, also parallel zur nordischen Eiszeit, sich dort herumgetrieben haben muß und, wenn die Schätzungen richtig sind, sogar volle 10 m lang geworden wäre.

Das wäre also jetzt unzweideutiges Dinosauriermaß großen Stils, entsprechend etwa den größten Raubsauriern dort.

Und so nahe noch an unserer Zeit, parallel bereits zu der hohen Kunstkultur der französischen Höhlenmenschen.

Fast möchte man meinen, das besagte Ungeheuer habe in seinem Erdteil sogar noch länger ausgedauert, bis ins ganz neuerlich Geschichtliche gleich den Riesenstraußen des benachbarten Neuseeland – wenn man an die verbreitete australische Sage von einer riesigen schwarzen Eidechse des dortigen Wüsteninnern denkt, haben wir wirklich bereits alle Karten in der Hand, daß es nicht gar noch lebt – wie den armen Leichhardt, den verschollenen deutschen Märtyrer der Australforschung, einst auf seiner letzten Fahrt der Traum begleitete, er werde die altaustralischen Riesenbeuteltiere von Elefantengröße noch so in ihrer verborgenen Steppe von Angesicht zu Angesicht sehen?

Wäre es aber wirklich ein *so sehr* kühner Gedanke, solche Riesenwarane hätten sich selber noch in geschichtlichen Zeiten auch in unsern engern Kulturgegenden herumgetrieben und dort in die Drachensage hinein gewirkt . . .?

Vielleicht gerade noch lange in vereinzelten »Relikten« auch auf den von der Drachensage bis zuletzt so unverkennbar umworbenen Mittelmeer-Inseln?

Und sollte der ungeflügelte Drache des babylonischen Istartors etwa gar, wenn die andere Theorie nicht gelten soll, ebenfalls von hier stammen? Von einem solchen angreifenden Riesenwaran, der, wie heute der kleinere Wüstenwaran noch bis zum Jordan geht, bis zum Euphrat und Tigris gekommen wäre und wenigstens noch in der Überlieferung fortlebte gleich dem wilden Ur auf den Tierbildern jenes weltgeschichtlichen Tors . . .?

Die Gefährlichkeit gerade solcher wirklichen Kolossalformen, die sich um jeden Preis zu ernähren hatten, liegt auf der Hand. Es hätte auch gehen können wie beim Tiger, der bekanntlich durchaus nicht allgemein angreift, sondern nur individuell und wenn er auf den Geschmack kommt zum Menschenfresser wird, vielleicht waren es, wie öfter gerade bei aussterbenden Überbleibselformen, zuletzt nur noch einzelne, ungeheuer alte und besonders große, böse Individuen, die nach eine Weile so in die Zeit hineinragten und ihr verhängnisvolles Wesen trieben, bis auch sie der wachsenden Menschenkultur erlagen.

Die ewig wiederkehrenden Erzählungen von der Höhle, aus der der Drache nächtlich hervorbricht, von seiner unfaßbaren Schnelligkeit trotz der Leibesschwere, seinem wilden Blick und rasenden Mut, auch von dem immer wieder täuschend schlangenhaften Wesen, das doch die vier bekrallten Füße Lüge zu strafen scheinen, der Streit über seine Giftigkeit, der scheinbare Widerspruch, daß er an andern Orten auch aus dem Wasser aufsteigt – nichts könnte besser als zu solchem Waran passen.

Wenn ein solcher Riese sich zischend und keuchend aufblies, wie der Wüstenwaran jener Schilderung, so möchte am Ende selbst der Eindruck eines Flügeltiers entstehen, wir wissen ja doch nicht, wie eine solche Riesenart (möglicherweise aus einer nur eng verwandten Familie) äußerlich gestaltet gewesen sein könnte; was auch sie für Körperanhängsel geführt haben könnte. Bei den nahen Tejus, die unsere Warane in Südamerika vertreten, kommen bereits doppelte Schuppenkämme vor. Der Gedanke, wenn er diese Waranfährte ins Drachenland verfolgt, kehrt aber unwillkürlich auch zu den Agamen und Leguanen selbst zurück. Nähmen wir die äußere Phantastik eines solchen Leguan- oder Agamenbildes noch hinzu, so wüßte ich kaum noch, welcher Drachenzug der Überlieferung, es sei denn das Feuerspeien, das doch schon Gesner ablehnt, nicht hier anzuknüpfen wäre.

Das spurlose Verschwinden solcher Tier-Ruinen noch in naher Zeit ist eine auch sonst zu deutlich bestätigte Tatsache, um einen vollwertigen Gegenbeweis abzugeben. Gerade in diesem Falle aber besäßen wir ja in der Drachensage selbst sogar noch eine durchaus deutliche Spur.

Sollten jemals im Mittelmeergebiet Knochenreste eines sehr großen diluvialen Warans gefunden werden, so würde der hier ausgesprochene Gedanke zu einer wissenschaftlichen Vermutung werden müssen.

Schließen wir, wie die schönen Folianten unseres Gesner, so auch das große Zauberbuch der Phantasie hier einstweilen zu.

Wer sich denken wollte, daß der »Drache« doch nur ein reines Phantasiegebild der schaffenden Menschenseele war – und trotzdem zugeben muß, wie nah sie damit schon älteren oder auch neueren Zügen der schaffenden Natur selbst gekommen – – vielleicht ließe sich ihm sagen, daß auch in der kühnsten *Erklärungsphantasie* über diesen Drachen wohl immer wieder Wege liegen könnten, die auch die *Naturphantasie* irgendwo und irgendwie begangen hat.

Schließlich wäre es aber schon ein Gewinn dieser anspruchslosen Betrachtung, wenn sie nur auf dieses ewige Ineinanderspielen von scheinbar freier Menschenphantasie und gesetzlichem Naturgestalten einmal wieder nachhaltig hingewiesen hätte.

Ich denke mir, ich habe vor dem Leser mein Material ausgebreitet – mag er nun wählen oder auch je nach seinem Bedarf bloß heiter darin spazieren gehen.

Fußnoten

1. Wer näheren Anteil an Goethes Schriften zur Eiszeit nimmt, die in den »Nachgelassenen Werken« von Eckermann nur sehr unvollständig und entstellt mitgeteilt sind, findet sie neugeordnet und erläutert in dem von mir herausgegebenen 30. Bande der Heinemannschen Goetheausgabe, erschienen im Bibliographischen Institut zu Leipzig.

2. Um es kurz hier noch einmal zu vergegenwärtigen: wir heute leben nach der Einteilung des Geologen im Zeitalter des Alluviums, voraus geht das Diluvium (oder die Diluvialzeit) und dem wieder das Tertiär oder die Tertiärzeit. Die Tertiärzeit teilt man (auf das Diluvium zu ansteigend) in Eozän, Oligozän, Miozän und Pliozän. Nochmals früher liegt die Kreide (Kreidezeit), der Jura (Jurazeit) und die Trias (Triaszeit). Diese drei bilden das Mittelalter der Erdgeschichte. Dem Mittelalter geht auch hier voraus das Altertum. Am nächsten zur Triaszeit gehört dazu noch die Permzeit oder das Perm, älter ist die Steinkohlenzeit (auch die karbonische Zeit oder Karbon genannt), ganz grau und alt Devon und Silur, sowie auf der Grenze äußerster Lebensüberlieferung das Kambrium (kambrische Zeit) mit der Vorstufe des Algonkiums. Dahinter liegen die ganz dunkeln, für unsere Kenntnis fast noch »mythischen« Zeiträume der Urmeere unbekannten Lebens, der ersten Erstarrungskruste der Erde und des nur vermuteten glühenden Anfangszustandes dieser Erde, in dem sie vielleicht noch sonnenhaft leuchtete.

3. Nähere Angaben, die teils hier ergänzen, teils ergänzt werden, findet der Leser in meinen Kosmosbändchen »Festländer und Meere im Wechsel der Zeiten« und »Tierwanderungen in der Urwelt«.

4. Wie mir mein verehrter Freund Hildebrandt brieflich mitteilt, hält er heute nicht alle seine Meinungen von damals mehr im ganzen Umfange aufrecht. Doch führen Bücher, einmal von des Verfassers Hand in die Öffentlichkeit entlassen, eine Art selbständigen Lebens, das (hier wie ähnlich bei Dubois) geachtet sein will.

5. Vgl. mein Kosmosbändchen »Festländer und Meere im Wechsel der Zeiten« mit seinen geologischen Karten.

6. Über die auf jeden Fall merkwürdige heutige Beschränkung dieser beiden urweltlichen Tierformen auf so entfernte Gebiete wie das tropische Asien u. Amerika vgl. mein Kosmosbändchen »Tierwanderungen in der Urwelt«.

7. Vgl. das Kosmosbändchen von Dr. Lotze, Jahreszahlen der Erdgeschichte

8. Vgl, für diese Zeit meine Kosmosbändchcn »Im Beinsteinwald« und »Eiszeit und Klimawechsel«.

www.ingramcontent.com/pod-product-compliance
Lightning Source LLC
LaVergne TN
LVHW020921200726
843506LV00011B/1749